Toxicology and Nutrition

World Review of Nutrition and Dietetics

Vol. 29

Series Editor
Geoffrey H. Bourne, Atlanta, Ga.

S. Karger · Basel · München · Paris · London · New York · Sydney

Symposium on Toxicology and Nutrition, Alfort, November 17–19, 1976

Toxicology and Nutrition

Volume Editor
R. Truhaut, Paris and *R. Ferrando*, Alfort

27 figures and 41 tables, 1978

S. Karger · Basel · München · Paris · London · New York · Sydney

World Review of Nutrition and Dietetics

Vol. 16: XXXII + 511 p., 25 fig., 44 tab., 1973. ISBN 3-8055-1398-4
Vol. 17: XII + 318 p., 70 fig., 60 tab., 1973. ISBN 3-8055-1336-4
Vol. 18: XII + 327 p., 18 fig., 29 tab., 1973. ISBN 3-8055-1438-1
Vol. 19: XIV + 319 p., 20 fig., 76 tab., 1974. ISBN 3-8055-1589-8
Vol. 20: XII + 347 p., 16 fig., 51 tab., 1975. ISBN 3-8055-1841-2
Vol. 21: X + 327 p., 31 fig., 37 tab., 1975. ISBN 3-8055-2133-2
Vol. 22: XII + 346 p., 28 fig., 50 tab., 1975. ISBN 3-8055-2135-9
Vol. 23: XII + 315 p., 5 fig., 21 tab., 1975. ISBN 3-8055-2243-6
Vol. 24: X + 262 p., 23 fig., 50 tab., 1976. ISBN 3-8055-2344-0
Vol. 25: X + 296 p., 53 fig., 69 tab., 1976. ISBN 3-8055-2363-7

Vol. 26: Human and Veterinary Nutrition.
XII + 274 p., 22 fig., 21 tab., 1977. ISBN 3-8055-2392-0
Vol. 27: Some Aspects of Human Nutrition.
X + 178 p., 17 fig., 81 tab., 1977. ISBN 3-8055-2393-9
Vol. 28: Some Aspects of Human and Veterinary Nutrition.
XII + 260 p., 21 fig., 37 tab., 1978. ISBN 3-8055--2672-5

Cataloging in Publication
Symposium on Toxicology and Nutrition, Alfort, France 1976
Toxicology and nutrition / volume editor, R. Truhaut and R. Ferrando. --
Basel ; New York : Karger 1978. (World review of nutrition and dietetics; vol. 29)
Text in English or French. 1. Toxicology – congresses 2. Nutrition – congresses
3. Diet – adverse effects – congresses
I. Truhaut, René, ed. II. Ferrando, Raymond, 1912–, ed. III. Title IV. Series
W1 W0898 v.29 QU 145 S9885t 1976
ISBN 3-8055-2697-0

Printed in Switzerland by Thür AG Offsetdruck, Pratteln
ISBN 3-8055-2697-0

Advisory Board

Contents

Wld Rev. Nutr. Diet., vol. 29, pp. 1–3 (Karger, Basel 1978)

A Message

Raymond Jacquot
Research Center on Nutrition, CNRS, Paris

I would have liked to be among you, my dear colleagues. It is only my poor health which prevents me from partaking in your discussion, the topical interest of which is so obvious.

The toxicity concept supplements the nutrition concept as evil complements good, cold hot, and black white. As nutrients, poisons act on metabolism and sometimes the border line is rather difficult to draw between what is likely to build and what is likely to destroy. The same substance may be both useful and dangerous for the body. At a low dosage, NaCl is an essential metabolite; with too high a dosage, it would kill someone. Some hypervitaminosis will generate serious disorders. The excess of any amino acid may disturb anabolism. All dieticians will denounce the dangers of foodstuff glut. We might multiply such illustrations to demonstrate that foodstuff pathology does not belong only to toxicology. Let us again recall that 'le foie gras' is obtained through a nutritional route, such as cramming, or through a toxic agent, such as antimony or carbon tetrachloride. *Ex contrario.* Fowler's solution has been well known by our parents. This formidable poison, arsenic, would give them strength and resistance. Selenium, supposedly dangerous, is vicarious for tocopherol and partly cures E avitaminosis, provided that the toxic threshold is not reached. A poison may combat another poison; selenium is partly opposed to cadmium and mercury toxicity.

This short list therefore shows that the ways of use represent the primary factor of the nutritional or toxic feature of all ingested substances. As *Claude Bernard* said: 'Everything is toxic, nothing is toxic, it is a matter of dosage in a given situation.'

Another aspect for these interrelations regards the nutritional terrain. As for infection, it will affect the reactions to toxic aggressions. The protective part played by food proteins is well known, both through laboratory work and use.

Few toxic substances have been investigated as much as lead. We know the clinical signs of lead poisoning rather well, as well as troubles in the enzyme systems controlling the synthesis of the haemes which it brings about. Now, the resistance to lead poisoning varies in terms of the protein rate in the ration. According to *Gontzea,* rats receiving a milk addition (1952) or a diet overloaded in casein (1964) will tolerate the ingestion of lead much better than controls, whether we deal with the weight deficiency, haemoglobin rate, number of erythrocytes, or lead content of the organs. Workers handling lead under the form of metal or white lead usually receive a milk allowance regarded as an efficient antidote. In that connection, I now remember a story: My fellows who had been detached from military service to Prof. *Mayer*'s and *Terroine*'s laboratories received a milk bonus to be added to the soldier's pay; they were supposed to handle toxic substances because their bosses were in the gas department. As these hazards were rather hypothetical, this bonus was 'detoxicated' in the bars of the neighbourhood. A high protein contribution will also stimulate tolerance to toluene (*Gontzea,* 1968), to pesticides (*Maron,* 1958; *Weatherholtz,* 1968) and to BHT (*Pascal,* 1973–1974), etc.

The effect of other nutrients has been mentioned, such as the protection offered by riboflavine against boron *(Adrian)* or vitamin A against benzoic acid *(Ferrando).* A basal therapy for many poisonings also resorts to saline or glucose solutions with the view to promote detoxication and nutritional resuscitation. The direct or indirect relationships linking toxic substances to nutrients are therefore not to be demonstrated any longer.

However, both toxicologists and nutritionists tend to follow parallel if not completely independent pathways. They seem to ignore one another. Yesterday, I read an interesting and rich review on the biological methods for toxicologic assessments. This paper was quite conversant with the choice of experimental animals, specific sensitivity of each species, the conduct of the tests, briefly, the comprehensive methodology, except for feeding conditions.

Perhaps, only teratologists will give this some attention because many embryonic defects belong either to a nutritional deficiency or to a toxic effect. This type of segregation is harmful and a joint disciplinary cooperation is essential in both fundamental and methodological fields.

Nutritionists and toxicologists supplement one another as we usually say for proteic foodstuffs. The former ones will contribute their knowledge in normal metabolism and a large range of experimental techniques. The latter are more familiar with pathology and combine the quantitative analysis with observation and diagnosis qualities. The two specializations have developed much for 20 years, but they did so independently whereas they have so much in common: they investigate the reactions of the body and they both resort to *in vivo* and *in vitro* experiments.

Tolerance to any substance is based on the metabolic space concept (*Derache,* 1975) within which the body will adjust its needs, requirements and defenses with much flexibility whether we deal with a nutrient or a toxic substance. Indeed, it can avail itself of multiple regulating and controlling devices. This space represents a preferred locus for investigations and encounters. Its knowledge, its analysis will require a broad mutual understanding and a interdisciplinary cooperation.

In closing, it is my pleasure to tell you how honoured I feel to be in a position to address the participants of this symposium at its very beginning; I would like therefore to thank Prof. *Raymond Ferrando* and *René Truhaut* who had the idea of organizing this international symposium.

We should congratulate them for having enabled, for the very first time, nutritionists and toxicologists to interchange and confront their ideas and, more particularly, to establish some basis for joint efforts. I hope that this will be done with the view to improve the methods for toxicology assessments, which will make it possible to circumscribe the practical problems much better in a context of essential rigour and objectivity.

If I could participate in your discussions, I would without any further ado request the establishment of joint nutrition-toxicology committees, both in INSERM and CNERNA. The duties would consist in pairing research workers who had ignored each other so far, thus founding a new discipline: *metabolic toxicology.*

This is my wish, and I trust that it will also be yours.

Wld Rev. Nutr. Diet., vol. 29, pp. 4–41 (Karger, Basel 1978)

Le toxicologue et le nutritionniste face aux problèmes d'évaluation toxicologique[1]

René Truhaut et Raymond Ferrando

Lorsque nous avons décidé d'organiser un symposium international ayant pour thème "Toxicologie et Nutrition", nos buts étaient de souligner et de faire comprendre aux spécialistes des diverses disciplines intéressées par l'étude des risques de nocivité pouvant résulter pour l'homme de la pollution chimique de son environnement (aliments inclus), la nécessité d'une étroite liaison entre les toxicologues et les nutritionnistes dans les évaluations toxicologiques.

Bien que les différents exposés prévus au programme du symposium soient destinés à illustrer cette notion fondamentale trop souvent méconnue, il nous paraît opportun de présenter, dans un exposé introductif, quelques généralités la concernant. Pour cette mise en perspective, il nous a semblé indispensable de rappeler, quel que soit leur caractère forcément assez arbitraire, un certain nombre de définitions essentielles dans les domaines de la toxicologie et de la nutrition.

La toxicologie est la science qui s'occupe des poisons ou toxiques, de leur origine, de leurs propriétés physiques, chimiques et biologiques, de leurs modalités et de leurs mécanismes d'action, de leur détection et de leur dosage, des moyens de combattre leurs actions nocives, soit par la mise en œuvre de moyens thérapeutiques, notamment d'antidotes, soit par l'établissement de mesures de prévention parmi lesquelles l'alimentation peut jouer un rôle non négligeable.

[1] Nous tenons à bien souligner que, tenant compte des exposés inscrits au programme (cf. les rapports du Professeur *D.V. Parke* et du Docteur *A.E.M. McLean*), nous avons volontairement évité d'examiner certains aspects des relations entre la toxicologie et la nutrition qui nous paraissent d'une extrême importance, telle que, par exemple l'influence des nutriments sur les inductions enzymatiques à laquelle nous ne ferons que des allusions limitées.

Pour pouvoir, en vue de la faire comprendre, commenter cette définition très élaborée, il convient de préciser ce qu'on doit entendre par poison ou toxique.

On dit qu'une substance est un poison ou un toxique, lorsqu'après pénétration dans l'organisme, par une voie quelconque, à une dose relativement élevée, en une fois ou plusieurs fois très rapprochées, ou encore *par petites doses longtemps répétées,* cette substance provoque, dans l'immédiat ou après une phase de latence plus ou moins prolongée, de façon passagère ou durable, des troubles d'une ou plusieurs fonctions de l'organisme, capables, en allant jusqu'à leur suppression complète, d'entraîner la mort.

Sans entrer dans des commentaires détaillés de nature à éclairer ces tentatives de définition, nous aimerions préciser, tout au moins, que le but ultime de la toxicologie est la prévention des effets toxiques. Le principe fondamental dans cette direction est la révélation des risques, car il n'est vraiment possible de prévenir que les risques connus. C'est pourquoi l'étude des potentialités toxiques des produits chimiques, et même, de façon plus large, de certains agents physiques, tels que les rayonnements ionisants, doit être très approfondie. On met ainsi en évidence, non seulement les effets de toxicité aiguë ou subaiguë, mais encore et surtout, les effets subtils et *insidieux,* notamment ceux pouvant résulter, soit d'une exposition même unique, soit, plus couramment, d'expositions à long terme, répétées, jour après jour, pendant la plus grande partie et parfois la vie durant.

Gardant à l'esprit le fameux axiome de Paracelse: "Sola dosis fecit venenum" (seule la dose fait le poison), les spécialistes de l'évaluation toxicologique doivent avoir comme objectif d'établir, aussi bien dans la conduite des expérimentations sur les animaux de laboratoire que dans l'exécution des enquêtes épidémiologiques chez les sujets humains exposés, les relations entre les doses et les effets. Cette règle d'or doit être appliquée en se souvenant que, toute une série de facteurs peuvent contribuer à renforcer ou à atténuer les doses. Il en est ainsi des caractéristiques des sujets exposés, des conditions d'exposition et, en particulier, de l'influence des facteurs de l'environnement y compris ceux d'ordre alimentaire. Cette application est alors de nature à permettre de fixer les *seuils de toxicité,* et, par voie de conséquence, de proposer des limites admissibles, par exemple dans l'air ou dans les aliments, y compris les eaux. En un mot, la toxicologie doit viser, par des études quantitatives adéquates, qui font obligatoirement appel à des *approches méthodologiques typiquement multidisciplinaires,* à établir les conditions dans lesquelles *la sécurité d'emploi* des produits ou agents soumis aux épreuves peut être *raisonnablement* assurée (131, 132, 134, 135, 138). La toxicologie devient alors ce que, avec *F. Coulston,* l'un de nous a appelé la salvicologie. L'un de nous a également souligné à maintes reprises (133), que l'évaluation toxicologique des agents chimiques pouvant se rencontrer dans l'environnement de l'homme, qu'ils soient d'origine naturelle ou synthétique, comprenait essentiellement trois stades. Les deux premiers concernent l'évaluation toxicologique proprement dite et son interprétation. Le dernier intéresse les décisions à prendre en vue de protéger la santé des populations, en tenant compte des impératifs sociaux et économiques dans le contexte du *concept "bénéfices versus risques"*. Les bénéfices sont, bien entendu, ceux pour la collectivité dans son ensemble et non ceux pour telle ou telle fraction de la population (144).

Afin de mettre plus clairement en évidence les rapports entre les aspects toxicologiques et les facteurs nutritionnels, nous avons estimé opportun de présenter quelques remarques sur les deux premiers stades mais plus spécialement sur le premier. Le troisième ne sera pas envisagé dans cet exposé.

Le premier stade vise l'obtention d'informations toxicologiques. On peut obtenir ces informations toxicologiques, soit par des expérimentations sur l'animal, soit par des observations sur l'homme. Ce dernier point est très important, puisque, finalement, pour effectuer l'évaluation toxicologique, il convient toujours d'extrapoler à l'homme. Ceci représente une très grande difficulté en raison des différences parfois considérables de réceptivité en fonction des espèces et même des individus au sein d'une même espèce.

Les épreuves sur l'animal comprennent des épreuves de routine et des épreuves orientées.

Parmi les *épreuves de routine,* figurent classiquement: celles de *toxicité aiguë* qui consistent à étudier les effets produits par la substance d'épreuve administrée en une seule dose, en étendant les observations jusqu'à 2 semaines après l'administration; celles de *toxicité à court terme,* appelées parfois à tort, à notre avis, épreuves de *toxicité subaiguë,* consistent dans l'étude des effets produits par la substance d'épreuve, à la suite d'expositions répétées, pendant une période allant jusqu'à 10% de la longévité moyenne de l'espèce animale mise en œuvre (90 jours chez le rat, un an chez le chien ...); celles que nous qualifions personnellement de *toxicité semi-chronique,* consistent dans l'étude des effets produits par la substance d'épreuve à la suite d'expositions à des doses répétées pendant une période allant jusqu'à 20% de la longévité moyenne de l'espèce animale mise en œuvre (à titre d'exemples: 6 mois chez le rat et 2 ans chez le chien) et celles de *toxicité à long terme,* dite souvent de *toxicité chronique,* consistent dans l'étude des effets produits par la substance d'épreuve à la suite d'expositions à des doses répétées, pendant une période s'étendant sur la plus grande partie, en général les deux tiers de la durée moyenne de vie de l'espèce animale soumise aux investigations (par exemple, 2 ans chez le rat, 80 semaines chez la souris et 7 ans chez le chien). Dans notre esprit, de telles épreuves comprennent l'étude des potentialités cancérogènes considérées, par certains, comme devant donner lieu à des épreuves spéciales. Elles s'étendent parfois sur toute la durée de vie et même sur plusieurs générations d'animaux *(épreuves dites de multigénération).*

Les *épreuves orientées* sont guidées d'abord, par la considération de la structure de la substance d'épreuve (panorama chimique), conduisant à prévoir, à la lumière des connaissances acquises sur les relations entre la structure et l'activité, des tropismes vers certains récepteurs morphologiques ou biochimiques, ensuite, par les résultats obtenus et les observations faites au cours des épreuves de routine, particulièrement les épreuves préliminaires.

Parmi ces épreuves orientées, nous mentionnerons, entre autres:

l'exploration des fonctions du système nerveux central ou du système nerveux autonome comprenant les études de comportement auxquelles on porte un intérêt croissant;

l'étude des fonctions de reproductions comprenant, celles des effets embryo-toxiques, notamment les effets *tératogènes* et, éventuellement, ceux, à beaucoup plus long terme, de *cancérogénèse transplacentaire;*

l'exploration fonctionnelle d'organes à grande importance physiologique, tels que les reins, le foie, les glandes endocrines, la moelle osseuse ...;

l'étude des potentialités *mutagènes,* pour laquelle, malgré les progrès notables de ces dernières années, nous sommes encore dans l'impossibilité de recommander des méthodes d'évaluation et sommes contraints de nous borner à des épreuves de triage ("screening tests" des Anglo-Saxons) et

l'étude des interactions, et notamment des effets de potentialisation ou de synergie, pouvant résulter de l'exposition à plusieurs agents, qu'ils soient ou non de nature chimique.

Il s'impose d'ajouter à ces exemples d'études orientées, celles, extrêmement importantes, que représentent les *études biochimiques,* en particulier, celles des transformations métaboliques des substances d'épreuve qui, très souvent, conditionnent les manifestations, qualitatives et quantitatives, de la toxicité. L'étude de ces transformations métaboliques implique automatiquement celle des inductions enzymatiques dont nous parlera le Professeur *D. V. Parke.*

A cet égard, soulignons l'intérêt des études comparées de métabolisme chez l'homme et chez les diverses espèces d'animaux de laboratoire. Leurs résultats est, en effet, à la base du choix des espèces les plus adéquates, c'est-à-dire, celles chez lesquelles les tranformations métaboliques se rapprochent le plus de celles observées chez l'homme. Ceci diminue l'incertitude de l'extrapolation à ce dernier des résultats obtenus sur les animaux de laboratoire.

Avec les progrès spectaculaires des sciences de l'analyse, il est à présent possible, par administration à des sujets humains d'une très faible dose de la substance d'épreuve, d'obtenir, pratiquement sans risque, des informations précises qui s'avèrent très précieuses.

Dans ce contexte, il convient de ne pas négliger le rôle que peut jouer la flore intestinale susceptible non seulement de modifier l'assimilation des nutriments, comme le montrent *Combe et al.* (19), mais de changer en substances toxiques des produits qui ne l'étaient pas par eux-mêmes. Des exemples seront donnés par le Professeur *Smith*. Evoquons simplement le rôle de cette flore dans la libération, à partir de la cycasine de l'aglycone, d'un glucoside contenu dans les noix d'arbres de l'espèce Cycas (*Cycas circinalis* et *Cycas revoluta*) qui poussent dans les îles du Pacifique Nord. Cet aglycone cancérogène est le méthyloazoxyméthanol (58, 65). Les micro-organismes du tube digestif peuvent également transformer certains acides biliaires en substances capables d'induire des tumeurs. Ils forment de la cyclohexylamine à partir des cyclamates. Ils transforment enfin l'acide nordihydroguarétique en une quinone responsable de la formation de kystes hémorragiques au niveau du cæcum. De tels relais ne doivent pas être négligés.

Des situations analogues peuvent se présenter lorsque l'exposition à un agent chimique n'atteint l'homme qu'après passage à travers les relais que constituent les plantes et les animaux. Nous avons personnellement consacré une série de recherches à cet aspect particulier des problèmes de toxicologie et de nutrition (33, 137).

Une étude directe d'un additif, d'un médicament ou d'un toxique sur les seuls animaux de laboratoire ne permet pas de déterminer à coup sûr l'ensemble des influences, bienfaisantes ou nuisibles, que le relais peut exercer sur le devenir des composés et, au-delà, sur la santé du consommateur. Nous avons noté, afin d'établir leurs liens avec l'alimentation, la variété des processus métaboliques détoxifiants ou toxifiants. L'organisme relais peut constituer un lieu d'accumulation, comme cela se constate pour le plomb ou le mercure. La caille peut se nourrir sans dommages des fruits de la grande ciguë (33), accumuler la cicutine, alcaloïde de cette ombellifère et devenir alors un aliment toxique pour l'homme. A partir d'un composé donné, de nombreux métabolites sont susceptibles de se former, qui ne sont pas toujours aisés à identifier. Une tendance générale consiste pourtant à accorder un intérêt primordial à l'évaluation toxicologique du ou des métabolites formés en quantité prépondérante. On ne peut tout de même écarter *a priori* l'éventualité qu'un métabolite, formé dans une proportion mineure, ait des incidences toxicologiques primordiales. On ne peut, non plus, écarter la possibilité d'effets souvent imprévisibles, résultant des interactions des constituants de la mosaïque des résidus, soit entre eux, soit avec d'autres agents chimiques à l'absorption desquels l'homme est constamment exposé dans ses conditions de vie actuelles. A cette contingence s'ajoute, entre autres, celle de l'élaboration à la suite d'inductions enzymatiques, de quantités anormales de métabolites biologiquement actifs de certains composés endogènes, notamment les stéroïdes hormonaux, susceptibles de provoquer des perturbations dans les fonctions physiologiques. Il faut également penser à l'éventualité de la formation de combinaisons par réaction avec certains constituants de l'organisme, les protéines notamment. De telles combinaisons peuvent constituer des formes de stockage aptes à libérer ou, au contraire, incapables de libérer, ultérieurement dans le tractus digestif, les produits toxiques qui, de ce fait, s'y trouvent masqués. Les résultats des méthodes d'analyse classiques peuvent donner une idée non conforme à la réalité de telles combinaisons. Elles risquent de ne pas les mettre en évidence ou, inversement, elles peuvent permettre d'extraire des substances toxiques que les processus digestifs normaux seraient incapables de libérer. L'intervention du consommateur relais vient ainsi soulager ou, au contraire, compromettre le métabolisme du consommateur final. Il existe comme une confrontation de deux nutritions dans laquelle les bactéries de l'appareil digestif peuvent prendre part. Cet ensemble s'inscrit en réalité dans le cycle des relations nutritives et métaboliques variées: sol-plante-animal-homme. Il oblige parfois à évaluer la toxicité globale de l'ensemble aliment-métabolites résiduels. L'approche classique, consistant à soumettre aux diverses épreuves de toxicité (aiguë, court terme, semi-chronique et long terme) la substance à évaluer, et ses principaux métabolites, constitue, en effet, une tâche fastidieuse, pleine d'incertitudes et, éventuellement, génératrice de fausse sécurité. Une évaluation globale permet, au contraire, de serrer de près les conditions pratiques dans lesquelles se trouvera placé le consommateur, réserve faite des différentes modalités d'alimentation qui existent toujours entre les hommes et les animaux de laboratoire.

Le deuxième stade est l'interprétation des résultats. Nous avons tendance à penser que, paradoxalement, au fur et à mesure que nos moyens d'investigation et d'observation, soit sur les sites anatomiques, tissulaires et, grâce à la microscopie électronique, cellulaires et subcellulaires, soit sur les sites biochimiques avec tout ce que peut nous apporter l'étude, qui se perfectionne, des effets sur les systèmes enzymatiques par exemple, l'interprétation devient de plus en plus délicate. Ainsi, que signifient un léger gonflement des mitochondries, certaines modifications au niveau des deux types de réticulum endoplasmique, la production au niveau des cellules d'un organe comme le foie de liposphères dans le cytoplasme sous l'influence d'un organochloré?

Que signifie également l'accroissement de telle ou telle activité enzymatique sous l'influence d'inducteurs variés dont certains peuvent d'ailleurs être présents dans les aliments naturels? Souvent, l'interprétation de telles observations est extrêmement difficile.

Il serait fastidieux de nous étendre davantage, d'autant que les notions que nous aurions été tentés de développer seront présentées pour la plupart dans les exposés qui suivront. Nous croyons toutefois en avoir dit assez pour qu'il apparaisse clairement que, si c'est au cours du premier stade (rassemblement des informations toxicologiques) que la collaboration du toxicoloque et du nutritionniste doit s'affirmer, celle-ci doit se confirmer lors du deuxième stade. Nous allons voir pourquoi.

La toxicologie vient d'être définie. Considérée dans ses nombreux aspects, cette discipline essentielle a pu, avons nous vu, être qualifiée de façon plus large "salvicologie" par l'un d'entre nous. Telle apparaît bien une science tendant à assurer la sécurité d'emploi de tout ce qui, de près ou de loin, directement ou indirectement, intervient dans les situations multiples et variées où l'homme poursuit chaque jour ses activités. Dans ce contexte, les facteurs de ce qu'il est convenu d'appeler l'environnement jouent un rôle des plus importants. Parmi ces facteurs, l'alimentation occupe une place privilégiée. Son équilibre et sa qualité déterminent, en effet, des processus métaboliques différents selon les états physiologiques et (ou) pathologiques, mais que les diverses circonstances, qui tiennent au milieu, peuvent encore modifier. Le Docteur *C. Garner* évoquera ce dernier point. Cet équilibre est même capable d'influencer les états psychiques. Bien nourrir c'est déjà protéger, écrivait l'un de nous, mais qu'est-ce que bien nourrir?

On pourrait aisément répondre à cette question en disant que c'est apporter aux organismes, compte tenu des physiologies spécifiques, en quantité raisonnable et dans des rapports convenables, tous les éléments indispensables connus pour permettre le déroulement normal, en toutes circonstances, de leur métabolisme, c'est-à-dire "des réactions dont ils sont l'objet ou dont ils sont les agents". C'est également savoir adapter les ressources alimentaires disponibles à ces réactions, en tenant compte de l'environnement, des déséquilibres divers, des vicissitudes de l'économie et des structures sociales mais, toujours, dans un strict respect des conditions optimales protégeant l'intégrité des organismes considérés (31).

Si la première partie de la réponse à la question: "Qu'est-ce que bien nourrir?" s'applique à des êtres vivant dans un milieu idéal, à des sujets orthoxéniques, par exemple, la seconde partie, plus réaliste, tient compte des innombrables influences, dont certaines demeurent encore insoupçonnées, auxquelles les animaux et les hommes sont soumis à chaque instant de leur vie. Parmi ces influences, nous plaçons l'action des toxiques connus et inconnus, habituels ou surajoutés, présents et à venir, des aliments et de l'environnement. On insiste peu sur les conséquences nutritionnelles d'un mauvais environnement. *Baranova* (2) note, par exemple, l'influence néfaste du bruit sur le métabolisme énergétique du muscle.

Il conviendrait aussi de mentionner la variété des réactions métaboliques selon la voie d'introduction du toxique. On relève même de telles différences avec des substances réputées non toxiques, le xylitol, le glucose et les acides aminés par exemple. L'alimentation, par voie parentérale, soulève, en effet, des problèmes susceptibles de différer totalement de ceux observés lors d'une alimentation normale.

Dans tous les cas, quelles que soient les composantes du milieu, qui doivent toujours être observées de façon scrupuleuse, la toxicité est une perturbation métabolique, c'est-à-dire une altération des processus de nutrition plus ou moins grave et plus ou moins étendue. Sa manifestation se traduit par divers troubles, de types parfois inattendus, apparaissant à des échéances plus ou moins lointaines. Plus simplement, des symptômes analogues et même identiques peuvent survenir à la suite de déséquilibres des rations: carences, subcarences, rapports incorrects entre les éléments du régime, que des toxiques renforceront. Elles peuvent aussi être provoquées par des substances naturellement présentes dans les aliments, directement toxiques ou génératrices par elles-mêmes de déséquilibres, d'antagonismes ou de synergies. Des substances formées au cours de divers traitements technologiques peuvent agir de même. Enfin, des troubles pourront être déterminés par des éléments toxiques, totalement étrangers aux organismes, introduits chez eux par voie entérale ou parentérale, accidentellement ou volontairement, lors d'interventions thérapeutiques. Ces manifestations, dont la variété est aussi grande que les circonstances de leur apparition, pourront être éventuellement estompées, corrigées, mais tout aussi bien renforcées, grâce à de nouveaux équilibres alimentaires. La quantité d'eau ingérée peut même intervenir en modifiant les phénomènes d'absorption ou d'élimination.

Il convient donc, quand on expérimente en toxicologie, d'éliminer toute cause alimentaire capable de modifier les réactions des organismes aux toxiques ou aux nouveaux aliments étudiés. Dans cette perspective, il est évidemment essentiel, aussi bien dans l'expérimentation animale qu'au cours d'enquêtes épidémiologiques sur des groupes humains, de bien adapter ou de bien connaître les régimes dont les compositions quantitatives et qualitatives peuvent entraîner par elles-mêmes des déséquilibres générateurs d'effets nocifs. Des erreurs dans la composition des régimes ou la méconnaissance totale de leur composition pourraient entraîner une mauvaise interprétation des résultats à l'origine de regrettables confusions.

En examinant les conséquences possibles de quelques déséquilibres du régime sur l'évaluation toxicologique, on constate parfois que déséquilibre alimentaire et déséquilibre induit par le toxique, quelle que soit sa voie d'introduction, peuvent arriver à se rejoindre, voire même à se confondre, mais parfois à s'atténuer.

Il n'est pas dans nos intentions de décrire ici les signes classiques, bien connus de tous, observés au niveau des comportements physiologiques généraux et déterminés par la subcarence ou la carence en tel ou tel nutriment. Nous préférons relier ces comportements aux conséquences d'une éventuelle action des substances toxiques, afin de pouvoir mieux faire apparaître les liens unissant la toxicologie et l'alimentation à travers les phénomènes de nutrition. Les détails de ces actions dans différents domaines et au niveau cellulaire, seront présentés par le Professeur *D. V. Parke* et le Docteur *A.E.M. McLean.*

Il est d'abord essentiel que les aliments de base entrant dans la composition des régimes ne soient pas toxiques par eux-mêmes; qu'ils ne contiennent pas de contaminants, comme des pesticides ou des mycotoxines ou, dans le cas des animaux d'origine marine, des ichthyotoxines et ne renferment pas, à l'état naturel, de substances nocives.

Pourtant, la nature intime des constituants d'un aliment simple peut intervenir par elle-même. C'est ainsi qu'*El-Harith et al.* (26) ont montré que la fécule de pomme de terre abaisse, chez le rat en croissance, l'efficacité protéique et celle de la ration. On note une forte hypertrophie du cæcum et une élévation du taux de mortalité avec des régimes contenant 71% de fécule. Ces actions ne s'observent pas avec les amidons de céréales ou de manioc. Dans le contexte de tels effets toxiques que peuvent déterminer certains aliments, il en est parfois d'assez inattendus provoqués par des constituants alimentaires courants. Ainsi, selon *Grunow* (commun. personnelle à R.T., 1976), l'administration journalière au rat de 6 g de glucose par 100 g de poids corporel entraîne la mort de l'animal.

A côté des substances purement toxiques, dont nous parlera le Professeur *Somogyi,* il nous paraît utile de mentionner les substances antinutritives des aliments naturels, comme les qualifient *Gontzea et al.* (42), et qui, à l'exemple des antienzymes, comme les antitrypsines des haricots ou du soja; des substances complexant les minéraux, comme l'acide phytique et l'acide oxalique, ou des antivitamines, comme les thiaminases, les antipyridoxines, l'acide ascorbique oxydase risquent d'avoir des influences néfastes inattendues. Ainsi, dans certains cas, des déséquilibres minéraux peuvent être provoqués par certains constituants alimentaires, rendant inassimilables des macro- ou oligo-éléments minéraux. Un bel exemple à cet égard est celui de l'acide phytique. Ce composé, très répandu dans les végétaux, et dont l'enveloppe des graines de céréales est particulièrement riche, résulte de la combinaison des six fonctions alcool d'un polyol cyclique, l'inositol, avec six molécules d'acide phosphorique. L'acide phytique forme, avec divers cations, le calcium, le magnésium, le fer, le zinc, etc., des sels très insolubles dont l'absorption intestinale se trouve ainsi entravée quand une grande quantité de cet acide est présente dans le régime. Diverses carences peuvent en résulter. Un exemple spectaculaire, à cet égard, est celui des carences calciques observées pendant la seconde guerre mondiale par suite d'une large utilisation, sur le plan alimentaire, de farines de céréales, peu ou pas blutées, riches en issues dans lesquelles se trouve l'acide phytique. Une enzyme du groupe des phosphatases, la phytase, catalyse l'hydrolyse de l'acide phytique en inositol et acide phosphorique. Elle est capable de faire disparaître cette action inhibitrice de l'acide phytique sur l'absorption du calcium des aliments. Malheureusement, toutes les céréales ne contiennent pas cette enzyme, qui étant thermolabile est détruite à la cuisson. Dans le cadre de ces actions, *Courtois et al.* (21) ont donné l'exemple du Sénégal, où, par suite de l'utilisation en alimentation de farines de mil et de sorgho, on observe des carences calciques, justement en relation avec une faible activité phytasique de ces farines associées à leur forte teneur en acide phytique. Ces auteurs ont également souligné que l'acide phytique était apte à former des combinaisons insolubles avec les protéines, restreignant ainsi leur digestibilité.

L'acide oxalique agit de la même façon que l'acide phytique. Seuls, les ruminants échappent à l'influence de ces deux acides que les bactéries du rumen inactivent.

Pour citer un autre exemple d'action de constituants des aliments sur l'absorption de certaines substances, par opposition à un nutriment comme le calcium, nous choisirons cette fois un élément toxique, le béryllium. Absorbés par voie pulmonaire, chez des animaux de laboratoire, ses sels déterminent, au niveau du poumon, des lésions de granulome. Par contre, lorsque le béryllium est ingéré, les ions phosphoriques du régime insolubilisent le cation toxique, supprimant ainsi son absorption en même temps que ses effets toxiques caractéristiques. Simultanément, il n'y a plus absorption des phosphates du fait de leur insolubilisation. L'importance de cette insolubilisation peut être telle qu'il en résulte une modification du rapport Ca/P génératrice de lésions osseuses.

Par contre, il existe des influences bénéfiques. Il en est ainsi des flavonoïdes, dont les activités sont encore mal connues et définies. Ces composés, présents dans de nombreux aliments, et sur les propriétés desquelles *Kühnau* (62) a présenté une récente revue, pourraient avoir de nombreuses actions favorables, par exemple, un effet protecteur vis-à-vis des rayonnements ionisants, selon *Paris et al.* (97). Dans certains cas, les constituants des aliments peuvent exercer des actions pharmacodynamiques dont nous parlera le Professeur *N. Sapeika*, qui en donna déjà en 1969 une revue synthétique (113). On connaît aussi de nombreux exemples d'interactions entre les nutriments, les toxiques et les médicaments. Le Professeur *P. Newberne* en donnera le détail.

A ce point de notre exposé, il faut souligner qu'un régime reconnu comme parfaitement toléré par l'homme peut provoquer, lors de sa consommation par d'autres espèces, des effets nocifs. Ainsi, l'administration répétée au chien d'un régime à base de poulet et de haricots verts, ou bien au rat, d'un régime à base de haricots a provoqué, dans les expériences de *Palcock* (96), des lésions tissulaires dont la pathogénie est difficile à comprendre. En soumettant des rats à un régime habituel de l'homme, *Dalderup et Visser* (22) ont déterminé, chez ces animaux, une dégénérescence graisseuse du foie, des lésions de glomérulonéphrite et une réduction de la durée de vie par rapport aux groupes témoins. A cet égard, il convient de souligner un point important. Contrairement aux animaux de laboratoire, l'homme consomme en général les aliments après cuisson et, exceptionnellement, à l'état cru. Rappelons, à ce sujet, l'action spoliatrice de l'autoclavage et de la radappertisation sur les aliments. Le premier nous apparaît plus néfaste que la seconde sur les taux d'acides aminés essentiels et de vitamines des aliments. La radappertisation paraît cependant plus nuisible aux vitamines du groupe K. Notons aussi les transformations profondes que subissent les graisses au cours du chauffage. *Lang* (64) a consacré une étude à cette question.

Plus significatives encore, sur le plan de l'évaluation toxicologique, sont les conséquences éventuelles sur le plan nutritionnel, de l'incorporation dans les aliments d'agents chimiques soit intentionnellement par des additifs proprement dits, soit fortuitement par des contaminants comprenant les résidus de pesticides et les mycotoxines. On connaît bien, à ce titre, les effets des aflatoxines qui entraînent, en particulier, une plus grande dépense de rétinol.

Tout d'abord, des effets risquent de se faire sentir sur l'appétence. Ils sont susceptibles d'entraîner une baisse de la consommation alimentaire et, par suite, une inhibition de la croissance ou du maintien de l'équilibre pondéral.

Ensuite, certains de ces agents peuvent exercer une action destructrice sur des nutriments essentiels. Il en résulte alors l'apparition de déséquilibres et même de carences se traduisant par des symptômes pathologiques caractéristiques. Voici quelques exemples de telles actions.

Morgan (88), puis *Pavcek et al.* (99) ont montré que l'anydride sulfureux inactive la vitamine B_1, que les agent oxydants (H_2O_2 et persulfates, sulfate cuivrique pour le reverdissage des légumes par exemple) détruisent la vitamine C et, pour certains d'entre eux, la vitamine A. Les monobromacétates bloquent les groupements thiols physiologiquement indispensables. L'eau oxygénée, utilisée dans certains pays comme agent conservateur du lait, détruit, au moins partiellement, ces mêmes groupements thiols (69) mais aussi la méthionine et le tryptophane de la caséine (115). Des fumigants insecticides ou bactéricides, tels que le bromure de méthyle (146) et l'oxyde d'éthylène (25), réagissent sur divers groupements fonctionnels des protéines et provoquent l'inactivation de composés physiologiquement essentiels.

La consommation prolongée d'aliments en contact avec de tels agents peut, en conséquence, provoquer des symptômes de carence, si la proportion de ces aliments dans le régime est suffisamment élevée. *Fitzhugh et al.* (39) ont ainsi observé des retards de croissance chez le rat soumis, pendant 1–2 ans, à l'ingestion prolongée de régimes additionnés de sulfite de sodium aux concentrations de $\geqslant 1$ g/kg, soit, en anhydride sulfureux $\geqslant 0.615$ g/kg. L'adjonction, à la ration, de doses convenables de vitamine B_1 s'oppose à cet effet. Dans ce cas, la nocivité résulte d'une diminution de valeur nutritive. Il paraît en être de même avec le peroxyde de chlore, ClO_2, actuellement employé dans certains pays comme agent améliorant des farines, en remplacement du trichlorure d'azote dont l'emploi a été jugé inacceptable. *Impey et Moore* (50) ont, en effet, noté que des rats nourris avec une farine traitée au peroxyde de chlore, présentent une baisse de croissance.

La formation de composés toxiques par réaction d'agents chimiques incorporés aux aliments est également une éventualité à ne pas négliger. Nous en citerons quelques exemples, choisis parmi beaucoup d'autres:

La méthionine-sulfoximine composé neurotoxique se forme par réaction du *trichlorure d'azote,* Cl_3N, ou agène, autrefois utilisé comme agent de blanchiment et de maturation des farines, sur la méthionine présente dans les fractions protéiques du gluten (5–11).

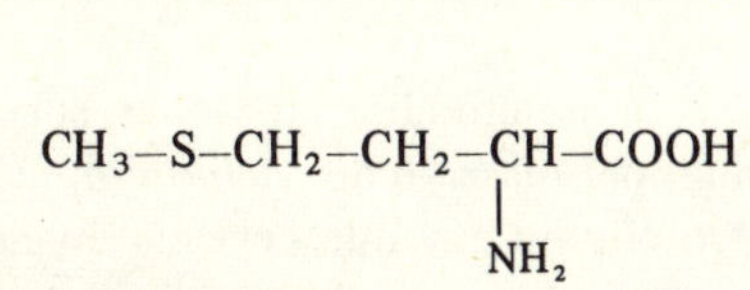

méthionine

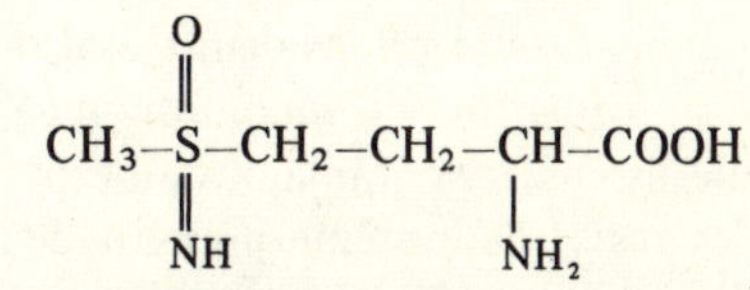

méthionine-sulfoximine

La méthionine-sulfoximine provoque des convulsions épileptiformes chez le chien nourri avec des farines agénisées (80, 91). D'autres animaux, notamment le chat, se sont révélés sensibles. On a prétendu que l'action de la sulfoximine sur le système nerveux central était limitée à certaines espèces et ne s'exerçait pas chez l'homme. *Krakoff* (60), utilisant cette substance, comme agent anticancéreux chez l'homme, à la suite d'observations faites sur le rat, a constaté, sous l'influence d'une dose journalière de 0,2–0,4 g donnée par voie orale, des phénomènes d'agitation accompagnés d'un état de désorientation et d'hallucination. *Campbell et Morrison* (15) ont confirmé la sensibilité de l'homme. D'après *de Robertis et al.* (105), la méthionine-sulfoximine se fixe sur les terminaisons nerveuses, dont elle détruit les vésicules synaptiques. Sur le plan biochimique, elle provoque l'inhibition irréversible de la glutamine synthétase cérébrale, en formant avec elle une combinaison stable, cependant que son groupe imine est phosphorylé (106, 109).

La formation de *chlorhydrines* toxiques par action de *l'oxyde d'éthylène* ou de *l'oxyde de propylène* employés comme bactéricides ou fongicides en technologie alimentaire, sur les chlorures minéraux dont la présence est pratiquement ubiquitaire dans les aliments (12). Parmi les effets provoqués par ces chlorhydrines, citons l'inhibition de la fertilité des animaux mâles (44, 53, 142) ainsi que des actions mutagènes sur les bactéries *(Klebsiella pneumoniae)* et même, selon *Epstein et al.* (27), chez la souris.

La formation de *nitrosamines,* cancérogènes et mutagènes puissants dans leur grande majorité, par action à pH acide, des *nitrites* ajoutés intentionnellement à certains aliments, ou formés à partir des *nitrates* sous l'influence de bactéries dénitrifiantes, sur les composés à groupements amines secondaires et même tertiaires. De tels composés peuvent se rencontrer à l'état naturel dans les aliments (49, 87, 112). Ils peuvent aussi se former au cours de la digestion par décarboxylation d'acides aminés. Ils sont également susceptibles d'être incorporés accidentellement dans les fractions comestibles des végétaux ou des animaux, par exemple à la suite de l'utilisation de certains pesticides renfermant de tels groupements amines dans leurs molécules, le carbaryl par exemple. Les effets favorisants de diverses substances, comme la formaldéhyde ou les thiocyanates, sur le développement de ces réactions sont importants à connaître. Il en est de même, en sens inverse, des effets inhibiteurs de composés naturels, par exemple les tanins et surtout l'acide ascorbique (86, 87). Divers aliments, tel le lait, inhiberaient les réactions de nitrosation (76).

La formation de *dichlorovinyl-S-cystéine,* à potentialités toxiques sur la moelle osseuse des animaux de l'espèce bovine, par réaction du *trichloréthylène* sur les restes de cystéine présents dans les protéines. Ce risque s'est matérialisé par l'apparition d'anémie aplastique chez des veaux recevant des farines de soja dégraissées au trichloréthylène (76–78, 100); *Terracini et Parker* (129) et *Terracini et Palestro* (130) ont ultérieurement étudié la toxicité de la dichlorovinyl-S-cystéine chez plusieurs espèces d'animaux de laboratoire (rat, souris, cobaye, lapin, chien, chat). Ils n'ont pas noté d'effets sur la moelle osseuse, confirmant ainsi les observations de *Pritchard et al.* (102). En revanche, on a observé, chez toutes les espèces, une nécrose tubulaire au niveau du rein cependant que, chez le rat et la souris, sont apparues des lésions du pancréas et que, chez le rat, certains animaux ont montré des phénomènes de nécrose périlobulaire dans le foie.

La formation de *carbamate d'éthyle* (uréthane ordinaire) à potentialités cancérogènes, par réaction du *pyrocarbonate d'éthyle* sur l'ammoniac existant toujours en petite quantité dans les vins (68).

L'apparition de *lysino-alanine* dans les concentrés de protéines de soja préparés par traitement par la soude des tourteaux déshuilés. Ce complexe de deux acides aminés entraîne, selon *Woodward et Short* (147), des lésions des tubuli chez le rat. On s'est aperçu par la suite qu'une telle combinaison existait naturellement dans plusiers aliments que l'homme consommait depuis longtemps: lait, blanc d'œuf, cuisse de poulet, saucisse de Francfort (120). La lysino-alanine se formerait dans les protéines chauffées sans que l'influence des bases interviennent. Ces divers exemples, choisis parmi beaucoup d'autres, aident également à comprendre que, dans le cas des substances incorporées aux aliments, on adoptera de préférence, lors de leur évaluation toxicologique, l'administration par mélange avec le régime et non l'administration par gavage. Celle-ci risquerait de n'être pas apte à révéler les effets toxiques pouvant résulter de réactions à plus ou moins longue échéance de la substance d'épreuve avec les constituants des aliments.

Un aspect très important, que nous allons étudier maintenant, est l'influence que peuvent exercer, sur les modalités, qualitatives et quantitatives, de manifestation des potentialités toxiques, la composition et l'équilibre du régime alimentaire.

Nous examinerons d'abord les influences générales; ensuite les effets de tel ou tel composant de la ration.

En ce qui concerne les influences générales, des observations intéressantes se rapportent aux effets résultant de l'absorption répétée de telle ou telle substance toxique sur leur éventuelle potentialité cancérogène.

Ainsi, *Luduena et al.* (70) ont observé que la toxicité des polyoxyéthylène-glycols à la suite d'applications renouvelées sur la peau du lapin variait avec la nature du régime. On doit aussi à *Wilson et de Eds* (145) une étude sur les répercussions de la composition du régime sur les effets toxiques provoqués, chez le rat, par l'absorption de doses répétées des quatre produits suivants: chlorure de cadmium, acétylamino-2-fluorène, thiourée et xylose. Faisant appel à deux types de rations caractérisées par des teneurs différentes en protéines, lipides, matières minérales et cellulose, les auteurs ont constaté qu'aucune différence n'apparaissait dans le cas de la thiourée, cependant que la toxicité du sel de cadmium et, à moindre degré, de l'acétylamino-2-fluorène, était influencée dans un sens et celle du xylose dans un sens opposé. Dans le cas des substances cancérogènes, on trouvera, dans une revue générale de *Clayson* (17) consacrée aux rapports entre la nutrition et la cancérogénèse expérimentale, de nombreux faits montrant toute l'importance des facteurs nutritionnels dans la manifestation des potentialités cancérogènes. Mentionnons, en plus de cette importante étude, celle due à *Wattenberg* (140) et consacrée à l'examen des effets des constituants des aliments sur le métabolisme des cancérogènes chimiques.

Il apparaît cependant qu'on se trouve devant une situation complexe. Aux influences des aliments eux-mêmes, à la présence éventuelle dans leurs composants de substances plus ou moins toxiques ou antinutritives, à leur souillure possible par divers polluants, aux modifications technologiques qu'ils ont pu subir, et que nous avons déjà examinées, s'ajoute la nécessité de réaliser un équilibre alimentaire qui ne compromette pas l'évaluation d'une toxicité aiguë, à court, moyen ou long terme.

Nous avons tenté de définir plus haut (p. 10) ce qu'était ou devrait être cet équilibre, compte tenu de l'espèce considérée, de son état physiologique et du milieu dans lequel elle vit. Nous avons souligné, à ce propos, que déséquilibres alimentaires et déséquilibres induits par le toxique pouvaient ajouter leurs effets mais que, dans certains cas, un léger déséquilibre, par excès voulu de tel ou tel nutriment, atténuait, sinon supprimait, les inconvénients du toxique. Une erreur, fréquemment commise, consiste à n'envisager qu'un aspect du problème. On fait varier tel ou tel paramètre, par exemple le taux des protéines ou le taux des lipides; plus rarement un apport vitaminique ou minéral sans considérer l'ensemble de l'équilibre alimentaire et les ruptures d'équilibre que de tels changements peuvent déterminer dans les processus nutritionnels et, au-delà, dans les évaluations toxicologiques. On ne peut cependant faire autrement que d'examiner séparément les influences des modifications de tel ou tel paramètre de la ration tout en citant parfois des exemples d'interférence qu'ils peuvent avoir entre eux. Nous ne perdrons pas ainsi de vue cet aspect global à considérer toujours dans toute évaluation toxicologique, en particulier, celles à moyen et long termes. Nous allons apporter quelques exemples de ces actions en montrant successivement l'influence de l'apport global d'aliment et, par là même, d'énergie, celle des lipides, des protéines et d'autres éléments de la ration, comme les vitamines et les minéraux. Nous verrons d'ailleurs que l'ingéré total quotidien, réglé en grande partie par le taux des graisses de la ration peut, à lui seul, modifier considérablement l'équilibre des nutriments métabolisables.

Examinons tout d'abord les effets que la sous-alimentation ou, au contraire, la suralimentation est capable de provoquer.

L'observation du fait que les sujets humains obèses présentent, comparativement aux sujets normaux ou émaciés, une plus grande fréquence de mortalité due au cancer incita *Tannenbaum* (123) à étudier, chez la souris, les répercussions d'une sous-alimentation sur le développement des tumeurs spontanées ou induites. Une telle restriction a provoqué chez cet animal la diminution de fréquence des tumeurs mammaires dues à des virus chez les souches DBA et C_3H; des tumeurs pulmonaires spontanées chez les souches suisse et ABC; des tumeurs cutanées déterminées par le benzo-α-pyrène et, à un moindre degré, des sarcomes sous-cutanés provoqués par le même hydrocarbure polycyclique (122–127). Des observations analogues ont été faites chez le rat (107, 114). Lors de ces premières recherches, les taux des divers constituants du régime étaient diminués dans une même proportion.

Une autre approche a consisté à soumettre les animaux à une restriction calorique en ne réduisant que le taux des glucides. Cette restriction calorique provoqua, également chez la souris, une diminution de la fréquence de certaines tumeurs, telles que les tumeurs mammaires dans la souche DBA.

Analysant ces résultats, ainsi que ceux obtenus chez des animaux traités par des agents chimiques, comme le dinitrophénol ou le fluorure de sodium, *Tannenbaum et Silverstone* (128) ont conclu que le facteur conditionnant les effets de la sous-alimentation ou de la restriction calorique était probablement leur action sur le poids corporel (122–127). Selon ces auteurs, l'inhibition de la cancérogénicité est liée à une carence nutritionnelle au niveau cellulaire, mais ils n'ont présenté aucune hypothèse sur sa nature. Il résulte de ces observations que, dans toute expérience de cancérogénicité, les témoins et les animaux soumis aux substances d'épreuve doivent être traités de telle sorte que leurs poids corporels se maintiennent aux mêmes niveaux. Lors d'une seconde expérience, *Tannenbaum et Silverstone* (127) ont soumis des souris à des régimes isocaloriques contenant des pourcentages de protéines variant de 9 à 45. De tels régimes n'ont eu aucune influence sur la fréquence des tumeurs mammaires chez les souches C_3H et DBA, non plus que sur celle des tumeurs cutanées ou des sarcomes sous-cutanés induits par hydrocarbures polycycliques. Seuls les hépatomes spontanés dans la souche C_3H ont vu leur fréquence diminuer avec le régime renfermant le pourcentage le plus bas (9%) en protéines ce qui a pu être attribué à une carence en cystine et en méthionine (117).

Il est difficile de séparer le niveau énergétique du niveau protéique d'un régime. Le premier retentit toujours sur le second par suite de l'existence du rapport calories/protéines. La signification de l'importance de ce rapport semble parfois échapper à l'attention de certains expérimentateurs. Sa valeur, bien connue des zootechniciens, commande, comme nous le verrons plus en détail, l'ingéré alimentaire et, à travers lui, l'ingéré protidique, minéral et vitaminique. La variation d'un taux protéique dans un régime isocalorique peut ainsi entraîner d'autres perturbations que celles sur lesquelles on désire attirer l'attention.

Certaines substances risquent également d'influencer l'importance de l'ingéré quotidien. Selon *Pirola et Lieber* (101), et pour apporter un exemple de cette influence, des inducteurs d'enzymes, l'éthanol, le phénobarbital et le mélange phénobarbital-hexobarbital, élèvent l'activité métabolique chez le rat entraînant ainsi l'augmentation de la consommation d'oxygène et des variations du poids corporel. La perte d'énergie par les fèces n'est pas accrue mais l'induction enzymatique au niveau des microsomes hépatiques, modifierait, suivant l'opinion des auteurs, l'efficacité du métabolisme de l'organisme et, par conséquent, sa nutrition.

Tout en gardant présentes à l'esprit les remarques précédentes, examinons l'influence de la teneur en protéines du régime sur les différentes modalités de mesure de la toxicité: DL 50, toxicité à court, moyen et long terme, ainsi que sur la cancérogénèse. Nous ne citerons que quelques-unes des nombreuses études faites sur cette question.

D'après *Dicke et Richter* (24), la DL 50 de la thiourée chez le rat peut varier de 44 à 640 mg/kg de poids corporel selon la nature du régime. Ces auteurs n'ont cependant pas marqué de façon claire la nature des constituants à incriminer. Plus précises, à cet égard, sont les observations de *Krijnen et Boyd* (61) concernant la toxicité aiguë de divers pesticides chez le rat, soumis dans les 28 jours suivant le sevrage, à des régimes renfermant des taux variables de caséine. Avec un régime sans caséine, comparativement à un régime contenant 26% de cette protéine, la sensibilité au fongicide captane a été multipliée par environ 2000 (DL 50 = 6,15 ± 3,1 mg/kg) au lieu de 12,6 ± 2,1 g/kg. Des différences dans le même sens, mais beaucoup moins marquées, ont été notées avec le lindane (1–12 environ), avec le carbaryl et le monuron, le chlorprophame, le diazinon (1–8 environ) et avec le DDT (1–4 environ). L'exemple du captane est particulièrement spectaculaire. Les résultats d'expérimentations portant sur un plus grand nombre de pesticides ont été publiés ultérieurement par *Boyd* (13). Il nous a semblé utile de reproduire ces résultats dans le tableau I.

Dans la mesure où ces données peuvent être extrapolées à l'homme, elles conduisent à penser que l'emploi de ce fongicide pourrait bien être dangereux dans les régions du monde où le régime alimentaire est pauvre en protéines.

Les protéines et les acides aminés ont été signalés comme exerçant un effet protecteur vis-à-vis de la toxicité aiguë de divers composés: hydrocarbures chlorés de la série aliphatique (41), benzène (67), émitine (43), alloxane (48), phénol (83). Par contre, *Meyer* (83) constate que la toxicité aiguë des cyanures

Tableau I. Intervalle de la mortalité après une administration par voie orale de divers pesticides à des rats blancs recevant un régime manquant de protéines à raison de DL 50[1] (d'après *Boyd,* 13)

Pesticides	Caséine dans la ration distribuée pendant les 28 jours suivant le sevrage, %		
	0,0	3,0–3,5	9,0
Captan	–42**	–27*	–54**
Carbaryl	–8	0	+8
Chlordane		+2	
Chlorprophame	–7	–33**	–26*
Demeton		–15	
Diazinon	–48**	–41**	+24
DDT	–17*	+26*	+43*
Dimethoate		–19	
Diuron		–18	
Endosulfan	+6	0	–33**
Endrine		–22*	
Lindane	+167**	–17	–8
Malathion	+11	–11	0
Monuron	–73**	–22*	–17*
Parathion		+5	
Toxaphène		+56**	

* $\bar{X}1p - \bar{X}c$ significatif pour p = 0,05–0,02; ** $\bar{X}1p - \bar{X}c$ significatif pour p = 0,01 ou moins.

[1] L'intervalle est la moyenne des heures qui précèdent la mort exprimée en pourcentage de ce qui est observé chez les témoins recevant des taux de caséine normaux. Plus précisément on a: $([\bar{X}1p - \bar{X}c]/\bar{X}c) \times 100$ où $\bar{X}1p$ représente la moyenne des rats à régime à taux protéique faible et $\bar{X}c$ les témoins à régime normal.

paraît augmentée sous l'influence de régimes à haute teneur en protéines. *Nikonorow et Karlowski* (93) étudiant la valeur de la DL 50 du butylhydroxytoluène (BHT) constatent que, mesurée par voie orale, chez le rat, cette valeur s'abaisse parallèlement à la réduction du taux de protéines dans le régime (24,8 et 4%). Examinant à nouveau l'action des protéines sur la toxicité du BHT, *Nikonorow et Karlowski* administrent au rat 0,05 et 0,5% de cet antioxydant dans des régimes contenant des pourcentages variables de protéines (4, 8 et 24%), pendant des périodes allant de 1 à 12 semaines. Ils notent alors une sensibilité accrue des animaux aux effets nocifs de l'antioxydant. Elle se traduit par une inhibition de la croissance pondérale, une augmentation du poids du foie, une baisse d'activité dans l'homogénat de foie des enzymes suivantes: aspartate aminotransférase, fructose déphosphate aldolase, glucose-phosphate isomérase ...

De leur côté, *Korksrud et al.* (59) remarquent une influence de la réduction du taux de protéines dans le régime sur l'hépatotoxicité du tétrachlorure de carbone. Cette réduction entraîne une nécrose centrilobulaire, l'augmentation des activités plasmatiques de l'ornithine carbamyl transférase, de la glutamyl-déshydrogénase, de la sorbitol-déshydrogénase, de la fructose 1-phosphate aldolase et de la transaminase glutamique pyruvique. Paradoxalement, des effets de même nature ont été observés avec un régime contenant 40% de protéines.

Ross et Bras (108) ont soumis des rats à des régimes contenant respectivement 10, 22 ou 51% de caséine, soit sur une base isocalorique, soit en permettant la consommation *ad libitum*. La durée de vie des animaux s'est allongée à partir du lot ingérant *ad libitum* le régime à 10% de caséine, jusqu'à celui soumis, dans un contexte isocalorique, au régime renfermant 51% de caséine. La tumeur la plus commune dans les lots à régime riche en protéines était le papillome de la vessie. Selon *Clayson* (17), l'augmentation des quantités ingérées de tryptophane, dont certains métabolites urinaires auraient des effets tumorigènes au niveau de l'épithélium vésical, serait, peut-être, à l'origine des lésions observées.

Un facteur limite sévèrement l'utilisation des régimes pauvres en protéines. En effet, ils ne permettent pas d'assurer la longévité nécessaire à la poursuite de la plupart des épreuves de cancérogénèse. A cet égard, la découverte de composés manifestant des effets cancérogènes, après administration d'une dose unique, a permis de soumettre les animaux, lors de cette administration, à un régime très pauvre en protéines et de leur donner ensuite, jusqu'à la fin de leur vie, un régime contenant un pourcentage adéquat de ces dernières. *Swann et McLean* (121) ont montré que l'administration, à la souris, pendant seulement 7 jours, d'un régime exempt de protéines entraînait une diminution d'environ 45% du métabolisme hépatique activant de la N-nitroso-diméthylamine cependant qu'aucune modification de ce métabolisme n'intervenait au niveau du rein. Ces résultats expliquent la diminution de toxicité aiguë que *McLean et Verschuren* (72, 79) ont observée à propos de l'élévation de la dose létale de la N-nitroso-diméthylamine chez le rat sous l'influence d'un régime sans protéines. Cette observation a permis d'augmenter la dose administrée en une seule fois aux animaux et d'élever ainsi la fréquence des tumeurs du rein apparaissant à long terme sous l'influence de cette dose unique (46).

L'administration de régimes pauvres en protéines, ou le jeûne pendant une période limitée, peut ainsi protéger le foie contre les effets des agents chimiques toxiques et cancérogènes en provoquant une réduction générale d'activité des enzymes microsomales hépatiques catalysant les transformations métaboliques (71). Pourtant, et inversement, toujours chez le rat, des taux élevés de protéines exercent un effet protecteur contre la cancérogénèse hépatique par le paradiméthyl aminoazobenzène, même en présence de faibles taux de riboflavine (56). D'après *Kensler et al.* (56), les quantités élevées de protéines permettraient au foie de stocker et d'utiliser cette vitamine. On peut ainsi constater l'importance des interférences exercées par tel élément du régime sur tel autre. L'activité des enzymes microsomales semble commandée par le taux et la qualité des protides de la ration.

Patel et al. (98) montrent que, chez les rats des deux sexes, de souche Haffkine, l'activité enzymatique des microsomes du foie s'abaisse quand les animaux reçoivent des rations pauvres en protéines. L'activité reprend quand les sujets carencés sont à nouveau normalement nourris. *Sachan* (110) distribue à des rats Sprague-Dawley, mâles et femelles, des régimes contenant 3,5, 26 et 42% de protéines. Les sujets ainsi alimentés pendant 33 jours reçoivent les trois derniers jours, 10 mg de phénobarbital par kilo de poids vif. Les animaux consommant le régime pauvre (3,5%) ou riche (42%) en protéines présentent une baisse d'activité de la biphényl-4-hydroxylase mais une élévation de la *p*-nitrobenzoate réductase. Il n'y a pas de modification de la 4-méthylumbelliférone glucuronyl-transférase et du cytochrome P 450. Si les mâles, recevant des régimes à 26 et 42% de protéines ont une activité de la biphényl-4-hydroxylase et de la *p*-nitrobenzoate réductase plus élevée que les femelles soumises au même régime, la différence entre les deux sexes disparaît quant le pourcentage de protéines de la ration est de 3,5%.

Certaines contradictions relevées à propos de l'influence du taux des protéines entre divers expérimentateurs ne sont qu'apparentes. En effet, pour les protides, et dans une moindre mesure, pour les lipides, le taux de ces éléments dans le régime n'a qu'une signification limitée quand on le considère isolément. L'aspect quantitatif se double toujours d'un problème de qualité. L'apport équilibré en quantité suffisante de l'ensemble des acides aminés essentiels, accompagné d'un faible pourcentage d'acide glutamique, permet de constituer une ration renfermant 8–9% de protéines dont l'efficacité est supérieure à celle d'un régime en renfermant 30% fournies par des aliments classiques dont les traitements technologiques antérieurs peuvent également avoir altéré plus ou moins la valeur biologique. La nécessité du respect de la qualité des protéines apparaît encore plus nettement quand on évalue des aliments non conventionnels. C'est ainsi que les protéines des levures d'alcanes sont valorisées par l'adjonction de 0,2–0,3% de *DL*-méthionine à un régime en contenant une quantité suffisante pour fournir 10% de protéines. Cette simple supplémentation fait passer l'efficacité protéique de ces levures de 0,8 à 2,6 (*Ferrando et Truhaut*, travail en cours de publication). Une telle adjonction permet également de valoriser les levures de brasserie qui, sans elle, ont une valeur nulle et sont même toxiques.

Pour une même protéine, l'efficacité dépend donc à la fois de la qualité et du pourcentage d'apport. Pour une protéine de bonne qualité, cette efficacité, faible d'abord, s'accroît jusqu'à un maximum pour s'abaisser ensuite. L'urémie est parallèle à l'efficacité. L'urémie s'élève pour les rations à taux minimes de protides médiocres, comme pour celles à taux excessifs de protides de qualité. Les nutriments, quand ils sont en quantités insuffisantes ou, au contraire, en excès dans la ration, et les protides n'échappent pas à cette règle, exercent sur les organismes des effets pouvant être directement ou indirectement nuisibles. Des acides aminés essentiels: la méthionine, la tyrosine, l'isoleucine, l'arginine, sont toxiques quand ils sont donnés en excès. A titre d'exemple et selon *Devasia et Chaudran* (23) des rats, recevant une ration contenant 18% de caséine supplémentée avec 4% de *DL*-méthionine, consomment 50% de moins d'aliment et leur croissance s'abaisse quand on les compare aux témoins ne recevant pas de méthionine. En 6 semaines, leur gain de poids est de 4,3 g au lieu de 72,1 g chez les témoins. Leur bilan azoté est négatif. L'apport de *DL*-méthionine a totalement perturbé l'équilibre protéique de la ration. De nombreuses vitamines, en particulier les vitamines A, D, K, PP, l'acide folique, des ions minéraux: le sodium, le potassium et plusieurs oligo-éléments donnés en excès agissent de même. Si un élément essentiel de l'alimentation a, par lui-même, une action nutritionnelle, celle-ci, suivant la nature de l'élément, son taux d'utilisation, ses rapports avec d'autres nutriments, etc., pourra devenir pharmacodynamique et même toxique. *Hathcock* (47) a souligné ces divers effets.

Des rats qui reçoivent des régimes riches en caséine tolèrent beaucoup mieux un apport de NH_3 exogène que ceux alimentés avec des rations qui sont moins pourvues de caséine, selon *Kulasek et al.* (63).

Ramos (103) a utilisé *in vitro* des préparations de foies provenant de rats dont les rations contenaient soit de la caséine, soit des protéines d'origine végétale. Il a observé que les foies des sujets, dont la ration est à base de caséine, N-déméthylaient plus rapidement l'aminopyrine, le maléate de prophénépyridamine et le chlorhydrate de cocaïne, que les foies des animaux ayant consommé des protéines végétales. Ainsi, dans l'évaluation toxicologique, la qualité protéique c'est-à-dire, finalement, l'équilibre des acides aminés de la ration, ajoute ses effets, bons ou mauvais, à ceux de la quantité, de la même manière qu'on l'observe en alimentation normale. On connaît, à ce titre, les incidences néfastes directes du déséquilibre leucine-isoleucine. Elles se manifestent au maximum avec la farine de sang, aliment simple (32). Ce déséquilibre peut surajouter sa propre influence à celle de toxiques. Nous avons vu que l'excès de méthionine peut être aussi néfaste que sa carence mais l'élévation ou la baisse de la température ambiante des locaux d'élevage peut, à son tour, atténuer ou au contraire, augmenter les inconvénients de cet excès ou de cette carence en modifiant l'importance de l'ingéré alimentaire.

Un apport exagéré de graisses dans le régime, entraîne diverses perturbations. En élevant son niveau calorique, il modifie, en effet, le rapport calories-protéines, abaisse l'ingéré alimentaire, déterminant ainsi des risques de subcarences ou même de carences en acides aminés, vitamines, et éléments minéraux. La figure 1 matérialise les écarts, 18% en moyenne, que l'un de nous a constatés

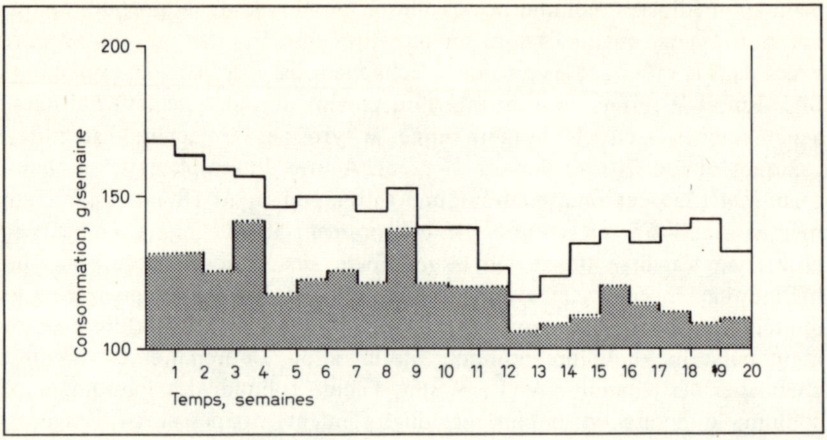

Fig. 1. Comparaison de l'ingestion par le rat de deux aliments contenant 2% (——) ou 14% (·········) d'huile végétale.

dans l'ingéré quotidien du rat pour deux régimes enrichis avec 2 ou 14% de lipides. De telles erreurs peuvent conduire à des conclusions erronées.

Pour ne considérer que l'influence générale du taux des lipides, on sait que l'augmentation de leur pourcentage dans la ration s'est révélée accroître la toxicité du benzène, du DDT, de l'aloxane.

Tannenbaum (126) seul ou en collaboration avec *Silverstone* (118) a montré, en faisant appel à des régimes isocaloriques, que l'accroissement du pourcentage en lipides augmentait, chez la souris, la fréquence des hépatomes spontanés dans la souche C_3H ainsi que celle des tumeurs cutanées induites par le benzo-α-pyrène dans les souches suisse, C_3H et DBA. Il en a été de même pour les tumeurs mammaires spontanées dans la souche DBA. En revanche, aucun effet n'a été noté dans l'induction des sarcomes sous-cutanés ou des adénomes pulmonaires.

D'après *Ambrose et al.* (1), l'accroissement du taux des lipides dans le régime diminue la toxicité à terme due à l'absorption de doses répétées d'un insecticide, la roténone et de la plante qui contient ce composé, *Derris elliptica,* alors qu'elle augmente leur toxicité aiguë.

La qualité des acides gras constitutifs des lipides ajoutés au régime influence également les réactions des organismes aux toxiques comme le fait la qualité des acides aminés dans le cas des protides. En effet, il importe de tenir compte des lipides insaturés indispensables, en particulier de l'acide linoléique, sans oublier la relation entre acides gras saturés et acides gras insaturés.

Cette importance du type de lipides a été illustrée par l'étude de la production, chez le rat, d'hépatomes sous l'influence du *p*-diméthyl-amino-azobenzène. Le remplacement, dans la ration, de l'huile de maïs par l'huile de noix de coco hydrogénée a provoqué une réduction du nombre d'hépatomes (84).

Il a été montré que la graisse de bœuf, au taux de 35% dans le régime, augmentait le nombre des tumeurs intestinales provoquées, chez le rat, par l'azoxyméthane (74). Mais 35% de graisse n'est-ce pas exagéré? Ne risque-t-on pas ainsi de déterminer indirectement un déséquilibre protéique?

Nous indiquerons, également, que les acides gras à structure cyclopropénoïde qu'on peut isoler de l'huile cuite de graines de coton ou de l'huile de *Sterculia foetida* agissent chez le rat comme co-cancérogènes vis-à-vis de l'aflatoxine B_1 (94, 119) et, à un moindre degré, vis-à-vis de la N-nitrosodiéthylamine (94). *Wade et al.* (139) notent une activité maximale de l'aniline hydroxylase et de l'hexobarbital oxydase dans le foie de rats recevant 10 μl d'acide arachidonique par jour. Quand cette dose est portée de 10 à 30 μl, le cytochrome P 450 atteint, à son tour, son niveau le plus élevé. L'activité de la glucose-6-phosphate déshydrogénase augmente également avec l'apport d'acides gras essentiels. Exagéré, cet apport (100 μl/jour) déprimera, sinon inhibera, au même titre que la carence, l'activité de quelques-unes de ces enzymes.

Dans le cadre de ces actions des lipides, il convient de ne pas oublier le rôle des facteurs lipotropes. C'est ainsi que *Copeland et Salmon* (20) et *Salmon et Copeland* (111) ont provoqué des hépatomes par administration au rat de régimes carencés en choline. Ceci n'a pas été confirmé par des expériences de *Newberne et al.* (89).

En revanche, *Le Breton* (66) a montré qu'en abaissant suffisamment le rapport choline/glycérides d'un régime contenant 0,06% de *p*-diméthyl-aminoazobenzène, ce régime, dont l'administration ne provoque avant modification aucun cancer du foie chez le rat, devenait capable d'induire des hépatomes chez tous les animaux du lot ainsi nourri.

De façon plus générale, quand les lipides supplémentaires renferment une quantité trop élevée d'acides gras polyinsaturés, d'autres perturbations nutritionnelles se surajoutent aux effets de perturbation du rapport calories/protéines. Les besoins en vitamine E et en sélénium sont accrus. On connaît le rôle de cette vitamine et de cet élément dans la protection des membranes. *Shtuman et al.* (116) ont également observé que des rats, ayant reçu préalablement de la vitamine E ou du sélénite de sodium, sont beaucoup moins sensibles à l'action de la *DL*-méthionine. Chez les témoins, non supplémentés, ce composé entraîne dans le foie une diminution assez importante de l'adényl nucléotide, de l'ATP, du FAD, des déshydrogénases pyruvique et cétoglutarique, des groupes SH, de l'ARN et des protéines. De leur côté, *Burk et Masters* (14) notent que la carence en sélénium entraîne, chez le rat, une baisse de l'induction du cytochrome P 450 par le phénobarbital.

Si nous considérons les vitamines, le rétinol semble jouer un rôle important dans les phénomènes de désintoxication. Nous avons montré (35) que la présence de vitamine A était indispensable pour l'induction, chez le rat, du cytochrome P 450 par le DDT. Il en est de même chez le porc (38). Par contre, le poulet ne répond pas à cette action du DDT (40). *Ferrando et al.* (34) ont montré que le DDT améliore la croissance du rat et l'efficacité alimentaire de sa ration à condition d'enrichir cette dernière en vitamine A. Une observation semblable a été faite par *Innami et al.* (51) avec les polychloro-biphényles (PCB). Des rats, recevant 0,1% de cette substance, dans un régime contenant 34 000 UI de vitamine A par kilo, ont une meilleure croissance que si le régime n'apporte aucun supplément de rétinol. Les PCB diminuent la réserve hépatique de rétinol. Les auteurs estiment ainsi que la vitamine A joue un rôle dans la désintoxication du PCB, comme nous le pensions également pour le DDT. Dans un travail ultérieur *Innami et al.* (52) confirment ces résultats.

Colby et al. (18) notent aussi que, chez le rat carencé en rétinol, les taux des protéines des microsomes hépatiques, la concentration en cytochrome P 450 et le métabolisme hépatique de l'éthylmorphine et de l'aniline sont significativement abaissés par rapport aux témoins. Les affinités apparentes de liaison du cytochrome P 450 pour l'éthylmorphine et l'hexobarbital sont également réduites chez les sujets carencés. Celles de l'éthylbenzène et du naphtalène sont au contraire augmentées. Tous ces effets sont réversibles par administration de 6 mg de rétinol par kilo de régime. De 1949 à 1950, *Meunier et al.* (81, 82) avaient déjà souligné l'intervention de la vitamine A dans les phénomènes de désintoxication. Quant à l'effet favorable sur la croissance des complexes rétinol-DDT et rétinol-PCB, relevé par les auteurs japonais et *Ferrando,* il pourrait être rapporté à l'existence d'une sorte de coup de fouet métabolique, si nous nous référons aux observations déjà mentionnées de *Pirola et Lieber* (101).

Comme autre action de vitamines, citons le rôle favorisant de la carence en cholécalciférol sur l'évolution de l'aflatoxicose mis en évidence, chez le poulet, par *Hamilton et al.* (45) et, chez les canetons, par *Ferrando et al.* (37). Nous rappelons aussi que *Kensler et al.* (56) ont montré l'inhibition par la riboflavine de la formation d'hépatomes sous l'influence du *p*-diméthyl-amino-azobenzène. Il convient, à cet égard, de rappeler que la riboflavine est un constituant essentiel de certains co-facteurs d'enzymes détoxifiants (85).

Intéressante à noter est également l'action protectrice de la vitamine E vis-à-vis des effets neurotoxiques des dérivés du méthyl et de l'éthylmercure sur les cultures de cellules du cervelet du rat nouveau-né (57).

Les éléments minéraux, qu'il s'agisse des éléments majeurs ou des oligo-éléments, interviennent à leur tour. Ils influencent, par leurs quantités et les rapports qu'ils présentent entre eux, d'abord leur toxicité propre, ensuite la toxicité d'autres minéraux ou d'autres substances. En ce qui concerne cette partie de notre exposé, on trouvera des informations dans le rapport d'un Comité d'experts de l'OMS (143). Nous ne donnerons ici que quelques exemples.

On connaît l'action générale du sélénium, bénéfique à faible taux, nuisible à taux un peu plus élevé mais encore relativement minime, pour lequel se manifeste, chez le rat, une potentialité cancérogène. Cet oligo-élément protège des effets toxiques du mercure (55), du cadmium et du plomb. Dans le cas du mercure, le sélénium accélérerait, d'après *Ooi Gen* (95) la déméthylation du méthyl-mercure et contribuerait à libérer les protéines combinées du mercure.

Dans le cas du plomb, *Cerklewski et Forbes* (16) notent qu'en se basant sur le taux tissulaire de sélénium et l'élimination de l'acide Δ-aminolévulinique, le sélénium agit en antagoniste du plomb.

Une carence en zinc, qui réduit l'activité du cytochrome P 450 selon *Becking et Morrison* (3), augmente la susceptibilité à l'action néfaste du mercure et du cadmium, comme à celle du cuivre. La carence en cuivre agit de même à l'égard du zinc, du mercure et du cadmium. Le cadmium interfère dans le métabolisme du cholécalciférol et son taux d'absorption, après ingestion, dépend de l'apport de protéines, de calcium et de vitamine D. On connaît, également, depuis longtemps l'antagonisme cuivre-molybdène. On sait aussi que la carence en calcium élève la toxicité du plomb, selon *Mahaffey et al.* (75). Cette carence peut avoir plusieurs origines: directe ou, comme nous l'avons déjà signalé, déterminée par un excès d'aliments riches en acide phytique ou en acide oxalique. Les deux causes peuvent se surajouter. A l'inverse, un léger excès de calcium diminue la toxicité du plomb. Les protéines et le fer ont un effet semblable à celui du calcium. Le fer agit aussi sur le métabolisme hépatique des médicaments (4).

Nous avons envisagé jusqu'ici l'influence de l'aliment classique. Nous ne saurions oublier que, dans beaucoup de pays, la ration alimentaire se trouve supplémentée par des boissons alcoolisées. Si les doses d'alcool ingérées ne dépassent pas un certain taux, les conséquences peuvent être considérées comme négligeables. Il est loin d'en être toujours ainsi. Or, il est bien connu que l'alcool sensibilise à l'action de nombreux toxiques, entrave l'absorption de divers nutriments et provoque le gaspillage de certains d'entre eux. Ceci constitue d'ailleurs une différence fondamentale entre l'alimentation de l'homme et celle des animaux de laboratoire. On peut noter ici que le cobalt oligo-élément pourtant essentiel devient toxique lors d'ingestion simultanée d'alcool et d'un régime hypoprotéique. Cette synergie entraîna des myocardites chez des buveurs de bières contenant un additif dérivé du cobalt.

Quand on considère l'ensemble de toutes ces influences, on s'aperçoit, comme nous l'avons déjà souligné, de la complexité des répercussions de l'alimentation dans l'évaluation toxicologique. L'appréciation d'une action nuisible consiste à évaluer, parfois sur une longue période, un ensemble d'états, comprenant l'aspect général des animaux, leur croissance, leur appétit, l'efficacité de leur alimentation, leur reproduction et, bien entendu, l'évolution parallèle des constantes biochimiques du sang et des urines, surtout leurs perturbations chroniques par rapport à un régime témoin dont il convient d'apprécier la composition et l'équilibre. Pour ce régime témoin, comme pour ceux contenant les substances à évaluer, on s'efforcera de se rapprocher des conditions habituelles de la pratique. Ce n'est pas toujours aisé, comme nous l'avons souligné à maintes reprises, d'abord parce que beaucoup d'expériences sont sans signification car des équilibres nutritionnels classiques ne sont pas observés ou bien sont volontairement bouleversés. Ensuite, l'ensemble des influences intrinsèques ou extrinsèques qui s'exercent sur la nutrition oblige à ne pas considérer l'équilibre alimentaire comme immuable. Il n'y a pas un équilibre, mais des équilibres alimentaires. En premier lieu, en fonction des états physiologiques, en second lieu, eu égard aux actions de substances étrangères introduites dans l'organisme ou élaborées par lui. Les organismes ont la possibilité d'introduire dans la molécule d'un certain nombre de substances des groupements polaires. Les métabolites ainsi formés sont, en raison de leur hydrosolubilité, beaucoup plus facilement éliminables, en général après conjugaison avec des composés comme l'acide glycuronique, certains acides aminés, SO_4^{++}, etc. A ces processus *Florkin* a donné le nom de synthèses d'excrétion. Ces mécanismes, dont nous parlera le Professeur *Lechat,* occupent une place essentielle dans le déroulement des réactions du métabolisme. Ces transformations ne sont d'ailleurs pas toujours détoxifiantes. L'évolution peut se faire vers des composés plus toxiques, néfastes pour l'organisme qui les élabore ou bien être bloqués sous diverses formes par cet organisme ou dans ses productions et, dès lors, nuisibles pour celui qui les consommera. L'étude de ces problèmes apparaît d'autant plus complexe que la nature et le degré des transformations métaboliques dépend des composés à l'absorption simultanée desquels les organismes sont soumis avec, comme conséquence, des inductions ou des inhibitions des systèmes enzymatiques impliqués. Cependant les organismes peuvent disposer de plusieurs possibilités. Selon l'expression de l'un de nous, il existe des *"sorties de secours",* véritables relais métaboliques destinés à renforcer ou à suppléer ceux qui, pour diverses raisons, deviendraient insuffisants ou défaillants. L'ensemble de ces processus, normaux ou ultimes, met en jeu des réactions biochimiques diversifiées nécessitant des adaptations enzymatiques génétiquement programmées. Dans de telles circonstances, l'organisme sera obligé d'utiliser davantage tel ou tel élément de son régime alimentaire ou de ses réserves, pour accélérer, orienter, modifier, le ou les processus des réactions essentielles à la conservation de son intégrité ou de son espèce. On songe au millième moustique qui s'adapte au toxique et dont parle *Hamburger* (148) dans un récent ouvrage. Que cet élément, qui peut être ou ne pas être normalement indispensable, dont l'importance pondérale n'est pas une nécessité, fasse défaut dans la ration ou n'existe plus dans les réserves de l'organisme considéré, les réactions de défense ne se produiront pas, même si cet organisme est génétiquement préparé à le faire, faute du matériel ou du catalyseur nécessaire à leur déroulement. C'est alors que, se substituant à ces défaillances, mais soumis aux mêmes conditions, d'autres processus assureront la sauvegarde de l'être vivant. Ces possibilités d'adaptation font partie de la dynamique biochimique. Elles démontrent la remarquable souplesse de fonctionnement des organismes dans la lutte sans cesse poursuivie contre les agressions continuelles dont ils sont l'objet de l'extérieur et de l'intérieur.

L'alimentation doit nécessairement apporter les éléments essentiels à ces adaptations puis aux réactions qu'elles provoquent. S'il n'en est pas ainsi, l'organisme épuisera ses propres réserves en tel ou tel nutriment indispensable à ces nouvelles voies du métabolisme. Il en résultera une carence conditionnée par le toxique et les effets de celui-ci s'ajouteront aux conséquences de celle-là.

Nous avons déjà cité certains toxiques qui déterminent une plus grande usure d'un nutriment. Un exemple va montrer comment, en cas d'absence d'un élément nécessaire à l'élimination d'un toxique, un autre nutriment le remplace et permet l'ouverture de la *"sortie de secours"*.

L'acide benzoïque s'élimine sous deux formes: par conjugaison avec le glycocolle et formation d'acide hippurique ou par glycuroconjugaison. Quand on administre à des rats de l'acide benzoïque, les animaux périclitent à partir d'une certaine dose distribuée. Si leur ration ne contient pas une quantité suffisante de glycocolle, ils ne peuvent, en effet, éliminer le toxique sans prélever sur leur organisme le glycocolle indispensable à la synthèse de l'acide hippurique. Ce prélèvement détermine un catabolisme azoté intense. Il aboutit à la mort des individus. En l'absence de glycocolle, mais à condition que l'apport alimentaire ou les réserves hépatiques de vitamine A soient convenables, le processus de la glycuroconjugaison permet la formation d'acide benzoylglycuronique, autre forme de détoxification de l'acide benzoïque (29). Des phénomènes semblables se déroulent avec le monobromobenzène. Ils mettent en jeu la méthionine et toujours la vitamine A. Dans un cas, comme dans l'autre, 20 μg de vitamine A par rat et par jour peuvent remplacer les effets, soit de 150 mg de glycocolle quand il s'agit de l'acide benzoïque, soit de 800 mg de méthionine quand il s'agit du monobromobenzène (30, 82). Nous mentionnerons encore comme exemple d'effet antitoxique de la méthionine, celui qu'elle manifeste vis-à-vis des actions hépatotoxiques de la pyridine (28).

Il convient donc de savoir évaluer les suppléments de nutriments à ajouter à ceux normalement admis pour éviter l'apparition d'accidents dus à des effets pharmacodynamiques ou même toxiques que certains de ces nutriments peuvent avoir quand ils sont trop élevés dans la ration. Tel est, comme nous l'avons déjà vu, le cas de la méthionine.

A cette complexité des relations toxiques-aliments, capables de perturber une expérimentation, on pourrait ajouter, mais ceci relève beaucoup plus spécifiquement de la toxicologie, les interférences susceptibles de se produire entre deux composés toxiques. *Truhaut et al.* (136) ont montré que les pesticides organo-chlorés et les PCB pouvaient agir sur le métabolisme de la zoxazolamine chez le rat. *McLean et Marshall* (74) ont observé que des rats recevant pendant 9 semaines un aliment contaminé par des aflatoxines présentaient au bout de 2 ans des tumeurs du foie. Les rats recevant, dans un même espace de temps, le même aliment additionné de phénobarbital présentent beaucoup plus tardivement un pourcentage de tumeurs plus bénignes *a priori* que chez les sujets ne recevant pas de phénobarbital. Nous avons également noté que, chez le caneton, le phénobarbital et le DDT diminuaient nettement la toxicité aiguë de l'aflatoxine B_1 (36). Il est pourtant probable que de telles interférences peuvent déterminer une usure accrue de nutriments indispensables et augmenter le besoin en ces substances. On peut rapprocher de ces faits les observations de *Newberne et Conner* (90) montrant que des rats, recevant des doses moyennement toxiques de sélénium, sont protégés de l'intoxication par l'aflatoxine B_1. Tout se passe de même en nutrition normale. On connaît, pour ne citer que deux d'entre eux, l'importance des rapports vitamine B_1/glucides et vitamine E/acides gras insaturés. Perturbés, ils déterminent des accidents pathologiques qui ne sont pas autre chose qu'une intoxication par un nutriment qui ne peut plus être normalement métabolisé faute de la présence d'un autre nutriment.

De la même façon, l'équilibre alimentaire habituel peut devenir plus complexe et (ou) se modifier sous l'action des toxiques. Nous étions fondés à dire qu'il n'existe pas un équilibre alimentaire mais toute une variété d'équilibres alimentaires susceptibles de s'adapter aux circonstances de l'environnement.

Les notions que nous avons développées et les exemples que nous avons donnés prouvent l'existence de nombreux liens entre la toxicologie et l'alimentation. D'une part, subcarences, carences, excès et déséquilibres alimentaires peuvent déterminer par eux-mêmes des anomalies comparables à celles induites par un toxique. D'autre part, les effets d'un toxique peuvent être contrecarrés grâce à de nouveaux équilibres du régime qui, en l'absence même du toxique, pourraient peut-être avoir des conséquences néfastes. Il est dès lors délicat d'affirmer que l'action d'un toxique s'exerce sur des organismes normalement et correctement alimentés même quand on s'efforce d'y parvenir. Ici apparaissent les différences fondamentales entre ce qui se déroule chez l'animal de laboratoire ou les animaux domestiques et ce qui se passe en réalité chez les hommes. Les uns, compte tenu des nécessaires adaptations aux circonstances physiologiques et aux contraintes économiques, reçoivent un régime constant dont l'équilibre est surveillé et qui, de plus, est strictement rationné, les autres suivent, au contraire, pour s'alimenter les seules lois de leur fantaisie mais également, hélas, dans de nombreux pays, celles encore plus contraignantes de la nécessité. De là, résulte l'importance des enquêtes alimentaires dont parlera le Docteur *Ganzin*.

Il est parfois difficile d'accorder les impératifs d'une évaluation rigoureuse des potentialités d'un toxique avec des circonstances pratiques si dissemblables.

Ceci explique que, paradoxalement, certains en arrivent à favoriser tel ou tel déséquilibre afin de mieux faire apparaître tels ou tels effets recherchés. Nous avons déjà souligné les conséquences de ces inadaptations du régime et fait apparaître l'éventualité de facteurs spécifiques à l'homme comme la consommation de boissons alcoolisées.

A la constance de l'alimentation des animaux de laboratoire et de ferme s'oppose donc l'inconstance dans la variété et la fantaisie, l'excès ou la pénurie de l'alimentation de l'homme. Ce dernier est rarement soumis, tout au long de sa vie, aux effets d'un toxique. Il subit des influences multiples, bénéfiques et néfastes, susceptibles d'interférer les unes avec les autres et tout autant liées à son régime qu'aux pollutions qu'il supporte. La forme de notre alimentation ne devrait-elle pas être revue en fonction de ces pollutions? On peut, en effet, combattre ces dernières de deux façons: directement en luttant pour les minimiser, sinon les supprimer; indirectement en favorisant, chez les consommateurs, les processus de détoxification. Afin d'aider les organismes à s'adapter, la diététique de la vie moderne et, en particulier urbaine, devrait différer de celle admise de façon classique. Doit-on considérer ces aspects dans l'évaluation toxicologique pour en tirer des règles pratiques? Par exemple, dans le domaine de la médecine du travail et de l'hygiène industrielle, l'influence des habitudes alimentaires a été depuis longtemps reconnue donnant lieu à des applications pratiques qui ont peu contribué, dans une certaine mesure, à la prévention des maladies professionnelles.

On a pu le constater, on le constatera tout au long de ces deux journées, l'évaluation toxicologique est complexe. Elle implique la liaison indispensable du toxicologue et du nutritionniste. Toute science est relative. L'objectivité d'un jugement dépend le plus souvent, sinon toujours, de la conception d'ensemble qu'on peut avoir des questions étudiées. C'est une loi de la biologie: la finalité d'un ensemble n'est pas réductible à la somme des finalités particulières. Malheureusement, on ignore ou on néglige trop cette loi. Il apparaît ainsi qu'à une époque caractérisée par la diffusion croissante de l'emploi des produits chimiques dans les divers domaines de l'activité humaine, les risques qui peuvent en résulter pour la santé et qui font souvent l'objet de déclarations outrancières génératrices de phobies injustifiées doivent être évalués de façon adéquate, c'est-à-dire objective. Dans ce but, il s'impose de former des toxicologues et de leur donner les moyens indispensables pour effectuer les investigations nécessaires. Nous espérons avoir montré que, sans une liaison étroite avec les nutritionnistes, les toxicologues ne sauraient atteindre vraiment l'objectif que constitue la protection des populations. Il faut malheureusement constater que le domaine des sciences de la nutrition demeure sous-développé aussi bien en ce qui concerne l'enseignement que la recherche à laquelle il devrait préparer. A cet égard, les autorités des différents pays devraient enfin prendre conscience de leur responsabilité.

Summary

Toxicology should aim, through adequate quantitative surveys, necessarily resorting to a *typically multidisciplinary methodologic approach,* at setting up the conditions under which the *safety of use* for the products or elements subjected to the tests may be *reasonably* ensured. Then, toxicology will become what one of the authors called: 'securology' or 'salvicology', as *F. Coulston* called it. *Truhaut* also repeatedly stressed that the toxicologic assessment of natural or synthetic chemicals encountered in man's environment includes essentially three stages. The first two are concerned with the toxicologic assessment proper and interpretation of the results. The third comprises the decisions to be made with a view to protecting the health of the populations, taking into due account social and economic prerequisites in the concept of *'benefits versus risks'.* The benefits are of course those for the community in its entirety and not for such or such group in the population.

Through surveys on acute, short-term, semi-chronic or long-term toxicities, it is essential to explore, in depth, alterations in major functions, and look for the metabolic transformations, in the test substances which will often determine the qualitative and quantitative manifestations of toxicity. The consideration of these metabolic changes automatically involves that of the enzyme inductions.

In this connection, let us emphasize the interest of compared studies on metabolism in man and in various laboratory animal species. The results are indeed the basis for the selection of the most adequate species, i.e. those in which the metabolic changes are closer to those observed in man. This will curtail uncertainty in the extrapolation to man of the results and findings obtained on laboratory animals.

In this context, it is advisable not to overlook the part that is likely to be played by the intestinal flora likely not only to alter nutrient assimilation, but also change into toxic substances, some products which were not so *per se.* The organisms in the digestive tract may, for instance, convert some biliary acids into substances capable of inducing tumors. Such relays should not be overlooked.

Similar situations may occur when the exposure to a chemical does not reach man until after there has been a run through such relays as vegetables and animals. The authors have devoted research activities to this specific aspect of toxicology and nutrition problems and developed the so-called *relay toxicity methodology.* The interpretation of the findings will require thinking and a critical approach. In this connection, one should take the environmental factors into account. They play a very important part; among these factors, food plays a primary part. Its balance and quality will indeed determine metabolic processes different according to the physiological and/or pathological conditions, but likely to be changed further by various environmental conditions. This equilibrium is even capable of affecting the psychic conditions. Adequate food already means protection, an author wrote, but what is adequate food? We could easily answer this question and state that it means contributing a reasonable quantity of all essential elements known for their normal metabolism that is 'reactions which they are the object or the agent of' under any circumstances, in adequate ratios, to the body, taking all specific physiological features into due account. This also means to know how to adjust the available food resources to these reactions, taking into account the environment, various imbalances, economic vicissitudes and social structures; always strictly abiding by the optimum conditions likely to protect the integrity of the body.

While the first part of the answer of the question: 'what is adequate food? applies to beings living in an ideal environment, such as orthoxenic subjects for instance, the second – a more realistic one – takes into consideration many influences to which animals and man are subjected at any time in their lives, and of which some are still unsuspected. Among them let us mention the action of known and unknown, usual or added, present and future toxic substances in foodstuffs and environment. Usually, the nutritional consequences of a poor environment are not adequately emphasized. For instance, the harmful effects of the noise on the energetic metabolism of the muscle has been noticed.

Also, the variety of metabolic reactions depending on the introduction route of the toxic should be mentioned. Such differences with presumably non-toxic substances as xylitol, glucose, and amino acids, have been stressed. Parenteral feeding, will also raise some problems likely to be entirely different from those observed under normal feeding conditions.

In any event, regardless of the environmental components, which should always be scrupulously considered, toxicity is a metabolic disturbance, i.e. a rather severe, more or less wide-spread deterioration in nutritional processes. Its manifestation is visible through various, sometimes unexpected disorders, occurring in a more or less remote future. More simply, analogous or even identical symptoms may occur subsequent to a ration imbalance: deficiencies, subdeficiencies, inappropriate relationships among the diet components, which are worsened by toxic substances. They may also be induced by substances naturally present in foodstuffs, directly toxic or generating themselves an imbalance, antagonism, or synergy. Substances formed in the course of various technical treatments may also act similarly. Finally, some disorders may be determined by toxic elements, entirely alien to the body, when introduced enterally or parenterally, inadvertently, or deliberately, into the body in the course of therapy. These manifestations, whose variety is as great as the conditions of occurrence, may possibly be curtailed, corrected, and also strengthened thanks to a new food balance. The amount of ingested water may also play a part as it alters the absorbtion and clearance phenomena.

Therefore, in toxicology experiments, it is advisable to do away with nutritional causes capable of altering the body reactions to toxic substances or new foodstuffs. In these prospects, it is obviously essential, both in animal experiments and epidemiological investigations in human groups, to adequately adjust, or thoroughly know, the diets whose quantitative and qualitative composition may *per se* induce imbalances likely to bring about some harmful effects. Errors in or complete misknowledge of the composition of the diets may entail misinterpretation of findings which will be the cause of unfortunate confusions.

When one considers the possible effects of imbalances in the diet upon the toxicologic assessment, one finds sometimes that food imbalance and toxic-induced imbalance, regardless of the introduction route, can converge or even merge, but sometimes they attenuate each other.

Without describing the conventional, well-known signs observed in the general physiological behavior, caused by such or such nutritional deficiency or subdeficiency, we may correlate these behaviors with the consequences of a possible action of toxic substances, in order to better demonstrate the relationship between toxicology and food, via nutritional phenomena.

All of these aspects have been reviewed. Some examples underscoring the close relationships between toxicology and nutrition were given. In this way we were led to see that the connections between toxicology and food are both multiple and multifaceted. When implementing methods for toxicologic assessment, one should not overlook these relationships. The complexity of the problems appears, for instance in the differences between human and laboratory animal diets. While laboratory animals are subjected to constant controlled diets, man follows the sole dictates of his fancy or those of necessity. The end of a whole cannot be reduced to the sum of the individual ends, frequently of many elements concurring in this whole. An objective judgment also depends on the overall concept one may have of the matter considered. The essential cooperation between toxicologists and nutritionists – faced as they are with problems of toxicologic assessment – will take place in this framework.

Bibliographie

1 *Ambrose, A.M.; Eds, F. de, and Cox, A.J., jr.:* The effect of high rat diet on chronic toxicity of derris and rotenone. J. Pharmac. exp. Ther. *90:* 78–85 (1943).

2 *Baranova, N.P.:* Effet du bruit sur le bilan énergétique. Gior. sanit. *12:* 28–31 (1975).

3 *Becking, G.C. and Morrison, A.B.:* Hepatic drug metabolism in zinc deficient rats. Biochem. Pharmac. *19:* 895–899 (1970).

4 *Becking, G.C.:* Influence of dietary iron levels on hepatic drug metabolism *in vivo* and *in vitro* in the rat. Biochem. Pharmac. *21:* 1585–1593 (1972).

5 *Bentley, H.R.; Booth, R.G.; Greer, E.N.; Heathcote, J.G.; Hutchinson, J.B., and Moran, T.:* Action of nitrogen trichloride on proteins. Production of toxic derivatives. Nature, Lond. *161:* 126–127 (1948).

6 *Bentley, H.R.; Mc Dermott, E.E.; Pace, J.; Whitehead, J.K., and Moran, T.:* Action of nitrogen trichloride on proteins. Progress in the isolation of the toxic factor. Nature, Lond. *163:* 675–676 (1949).

7 *Bentley, H.R.; Mc Dermott, E.E.; Pace, J.; Whitehead, J.K., and Moran, T.:* Action of nitrogen trichloride (agene) on proteins: isolation of cristalline toxic factor. Nature, Lond. *164:* 438–439 (1949).

8 *Bentley, H.R.; Mc Dermott, E.E., and Whitehead, J.K.:* Action of nitrogen trichloride on proteins – synthesis of the toxic factor from methionine. Nature, Lond. *165:* 735 (1950).

9 *Bentley, H.R.; Mc Dermott, E.E.; Pace, J.; Whitehead, J.K., and Moran, T.:* Toxic factor from agenized proteins: methionine as the essential reactant. Nature, Lond. *165:* 1501 (1950).

10 *Bentley, H.R.; Mc Dermott, E.E.; Moran, T.; Pace, J., and Whitehead, J.K.:* Action of nitrogen trichloride on certain proteins. I. Isolation and identification of the toxic factor. Proc. R. Soc. B *137:* 402–417 (1950).

11 *Bentley, H.R. and Whitehead, J.K.:* Dimethylsufoximine. J. Am. chem. Soc. *72:* 2081–2082 (1950).

12 *Bentley, H.R.; Mc Dermott, E.E., and Whitehead, J.K.:* Action of nitrogen trichloride on certain proteins. II. Synthesis of methionine sulfoximine and other sulfoximines. Proc. R. Soc. B. *138:* 265–272 (1951).

13 *Boyd, E.M.:* Protein deficiency and pesticide toxicity (Thomas, Springfield 1972).

14 *Burk, R.F. and Masters, B.S.S.:* Effects of Se deficiency on the hepatic microsomal Cytochrome P450 system in the rat. Archs Biochem. Biophys. *170:* 124–131 (1975).

15 *Campbell, J.A. and Morrison, A.B.:* Nutritional impact of modern food processing. Fed. Proc. Am. Socs exp. Biol. *25:* 130–136 (1966).

16 *Cerklewski, F.L. and Forbes, R.M.:* Influence of dietary selenium on lead toxicity in the rat. J. Nutr. *106:* 778–783 (1976).

17 *Clayson, D.B.:* Nutrition and experimental carcinogenis. A review. Cancer Res. *35:* 3292–3300 (1975).

18 *Colby, H.D.; Kramer, R.E.; Greiner, J.W.; Robinson, D.A.; Krause, R.F., and Canady, W.J.:* Hepatic drug metabolism in retinol-deficient rats. Biochem. Pharmac. *24:* 1644–1646 (1975).

19 *Combe, E.; Demarne, Y.; Gueguen, L.; Ivorec-Szylit, O.; Meslin, J.C., and Jacquet, E.:* Some aspects of the relationship between gastrointestinal flora and host nutrition. Wld Rev. Nutr. Diet., vol. 24, pp. 1–58 (Karger, Basel 1976).

20 *Copeland, D.M. and Salmon, W.D.:* The occurrence of neoplasms in the liver, lungs, and other tissues of rats as a result of prolonged choline deficiency. Am. J. Path. *22:* 1059–1079 (1946).

21 *Courtois, J.E. et Perles, R.:* Action inhibitrice de l'acide phytique sur l'absorption du calcium. Bull. Inst. fr. Afr. noire, sér. A *16:* 379–385 (1954).

22 *Dalderup, L.M. and Visser, W.:* Influence of extra sucrose in the daily food on the life-span of Wistar albino rats. Nature, Lond. *222:* 1050–1052 (1966).

23 *Devasia, P.A. and Chaudran, K.:* Metabolic disturbances associated with methionine toxicity. I. Growth and N balance. Kerala J. vet. Sci. *6:* 34–42 (1975).

24 *Dicke, S.H. and Richter, C.P.:* Acute toxicity of thiourea to rats, in relation to age, diet, strain and species variation. J. Pharmac. exp. Ther. *83:* 195–201 (1945).

25 Effect of seeding diet expose to ethylene oxyde. Nutr. Rev. *14:* 55–57 (1956).

26 *El-Harith, A.; Dickerson, J.W.T., and Walker, R.:* On the nutritive value of various starches for the albino rat. J. Sci. Fd Agric. *27:* 521–526 (1976).

27 *Epstein, S.S.; Arnold, E.; Andrea, J.; Bass, W., and Bishop, Y.:* Detection of chemical mutagens by the dominant lethal assay in the mouse. Toxic. appl. Pharmac. *23:* 288–325 (1972).

28 *Fabre, R.; Truhaut, R. et Herbert, M.:* Sur le pouvoir protecteur de la méthionine

vis-à-vis des effets toxiques de la pyridine. Bull. Acad. natn. Méd. *148:* 212–216 (1954).

29 *Ferrando, R.:* Influence de la vitamine A sur la glycuroconjugaison chez le rat intoxiqué au benzoate de sodium. C.r. hebd. Séanc. Acad. Sci., Paris *231:* 1264–1266 (1950).

30 *Ferrando, R.:* Vitamine A et phénomènes de "détoxication". Relations avec le métabolisme des protides; thèse doctorat ès-Sciences d'Etat (Bosc, Lyon 1952).

31 *Ferrando, R.:* Alimentation et équilibre biologique. Bibliothèque de philosophie scientifique (Flammarion, Paris 1961).

32 *Ferrando, R. et Drieux, H.:* La viande et les sous-produits d'abattoir. Monographies alimentaires (Vigot, Paris 1962).

33 *Ferrando, R. et Truhaut, R.:* La toxicité de relais. Nouvelle approche méthodologique d'évaluation toxicologique des additifs aux aliments des animaux d'élevage. C.r. hebd. Séanc. Acad. Sci., Paris, sér. D *275:* 279–283 (1972).

34 *Ferrando, R.; Fourlon, C. et Gutel, B.:* Vitamine A et DDT. J. int. Vitaminol. Nutr. *43:* 504–509 (1973).

35 *Ferrando, R.; Truhaut, R.; Graillot, C.; Gak, J.C. et Fourlon, C.:* Rôle de la vitamine A dans l'induction du cytochrome P 450 par le DDT. C.r. hebd. Séanc. Acad. Sci., Paris, sér. D *279:* 999–1003 (1974).

36 *Ferrando, R.; N'Diaye, A.L.; Henry, N.; Fourlon, C. et Gautier, F.:* Influence d'un prétraitement du caneton par le DDT sur sa réaction ultérieure vis-à-vis d'un tourteau d'arachide pollué par *Aspergillus flavus.* C.r. hebd. Séanc. Acad. Sci., Paris, sér. D *279:* 1131–1134 (1974).

37 *Ferrando, R.; Murthy, T.R.K. et Henry, N.:* Aflatoxicose et carence en vitamine D_3 chez le caneton. Revue Méd. vét. *126:* 1259–1263 (1975).

38 *Ferrando, R.; Truhaut, R.; Gak, J.C.; Graillot, C. et Fourlon, C.:* Induction du cytochrome P 450 par le DDT chez le porc et l'usure concomitante de rétinol. Jour. Rech. Porcine en France, pp. 299–302 (1976).

39 *Fitzhugh, O.G.; Knudsen, L.F., and Nelson, A.A.:* The chronic toxicity of sulfites. J. Pharmacol. *86:* 37–48 (1946).

40 *Gak, J.C.; Graillot, C.; Truhaut, R. et Ferrando, R.:* Sur les différences de comportement biochimique du poulet, comparativement à d'autres espèces animales, vis-à-vis d'inducteurs classiques du cytochrome P 450. C.r. hebd. Séanc. Acad. Sci., Paris, sér. D *280:* 2903–2904 (1975).

41 *Goldschmidt, S.; Vars, H., and Ravolin, I.S.:* The influence of the foodstuffs upon the susceptibility of the liver to injury by chloroform and the possible mechanism of their action. J. clin. Invest. *18:* 277–282 (1938).

42 *Gontzea, I.; Ferrando, R. et Sutzesco, P.:* Substances antinutritives naturelles des aliments. Monographies alimentaires (Vigot, Paris 1967).

43 *Guggenheim, K. and Buechler, E.:* The effect of quantitative and qualitative protein deficiency on tolerance to emetine. J. Pharmac. exp. Ther. *93:* 273–276 (1948).

44 *Hahn, J.D.:* Posttesticular antifertility effects of epichlorhydrin and 2,3-epoxypropanol. Nature, Lond. *226:* 87 (1970).

45 *Hamilton, P.B.; Tung, H.T.; Wyatt, R.D., and Donaldson, W.E.:* Interaction of dietary aflatoxin with some vitamin deficiencies. Poult. Sci. *53:* 871–877 (1974).

46 *Hard, G.C. and Butler, W.H.:* Cellular analysis of renal neoplasia: light microscope study of the development of interstitial lesions induced in the rat kidney by a single carcinogenic dose of dimethylnitrosamine. Cancer Res. *30:* 3806–3815 (1970).

47 *Hathcock, J.N.:* Nutrition: toxicology and pharmacology. Nutr. Rev. *34:* 65–70 (1976).

48 *Houssay, B.A. and Martinez, C.:* Experimental diabetes and diet. Science *105:* 548–550 (1947).

49 IARC: N-nitroso compounds analysis and formation. IARC sci. Publ., No. 3 (Lyon 1972).

50 *Impey, S.G. and Moore, T.:* Nutritive value of bread made from flour treated with chlorin-di-oxyde. Br. med. J. *ii:* 553–556 (1961).

51 *Innami, S.; Nakamura, A., and Nagayama, S.:* Polychlorinated biphenyl (PCB), toxicity and nutrition. II. PCB toxicity and vitamin A. J. Nutr. Sci. Vitaminol. *20:* 363–370 (1974).

52 *Innami, S.; Nakamura, A.; Kato, K.; Miyazaki, M.; Nagayama, S., and Nishide, E.:* Polychlorinated biphenyl (PCB) toxicity and nutrition. IV. PCB toxicity and vitamin A. Fukuoka Acta med. *66:* 579–584 (1975).

53 *Jackson, H.; Campbell, I.S.C., and Jones, A.R.:* Is glycisol an active intermediate in the antifertility of α-chlorhydrin in male rats? Nature, Lond. *226:* 86–87 (1970).

54 *Jones, A.R.; Davies, P.; Edwards, K., and Jackson, H.:* Antifertility effects and metabolism of α- and epichlorhydrins in the rat. Nature, Lond. *224:* 83 (1969).

55 *Kasuya, M.:* Effect of selenium on the toxicity of methylmercury selenium on *nervous* tissue in culture. Toxic. appl. Pharmac. *35:* 11–20 (1976).

56 *Kensler, C.J.; Sugiura, K.; Young, N.F.; Halter, C.R., and Rhoads, C.P.:* Partial protection of rats by riboflavin with casein against liver cancer caused by dimethylaminoazobenzene. Science *93:* 308–310 (1941).

57 *Kenuja, M.:* The effect of vitamin E on the toxicity of alkylmercurial on *nervous* tissue. Toxic. appl. Pharmac. *32:* 347–354 (1975).

58 *Kobayashi, A. and Matsumoto, J.:* Studies on methylazoxymethanol, the aglycone of cycasin. Archs Biochem. *110:* 373–378 (1965).

59 *Korksrud, G.O.; Kinper-Goodman, T.; Hassilager, E.; Grice, H.C., and Mac Laughlan:* Effects of dietary protein level of carbon tetrachloride induced liver damage. Toxic. appl. Pharmac. *37:* 1–12 (1976).

60 *Krakoff, H.:* Effect of methionine sulfoximine in man. Clin. Pharmac. Ther. *2:* 599–604 (1961).

61 *Krijnen, C.J. and Boyd, E.M.:* Susceptibility to captan pesticide of albino rat fed from weaning on diets containing various levels of proteins. Fd Cosmet. Toxicol. *8:* 35–42 (1970).

62 *Kühnau, J.:* The flavonoids. A class of semi-essential food components. Their role in human nutrition. Wld Rev. Nutr. Diet., vol. 26, pp. 117–191 (Karger, Basel 1976).

63 *Kulasek, G.; Siwecka, B.; Owczarczyk, B.; Rynca, J. et Barej, W.:* Effet du taux protéique et de l'adjonction de NH_4Cl sur la désintoxication de NH_3 chez les rats. Zentbl. VetMed., Reihe A *22:* 215–223 (1975).

64 *Lang, K.:* Action nutritionnelle des graisses chauffées. Expérimentation à long terme sur les animaux. Fette Seifen *76:* 145–151 (1974).

65 *Laqueur, G.L. and Spatz, M.:* Toxicology of cycasin. Cancer Res. *28:* 2262–2267 (1968).

66 *Le Breton, E.:* Rôle déterminant d'un facteur alimentaire simple dans l'obtention certaine du cancer du foie chez le rat Wistar ingérant un cancérigène (*p*-diméthylamino-azobenzène). C.r. hebd. Séanc. Acad. Sci., Paris *238:* 2446–2448 (1954).

67 *Lï, T.W. and Frieman, S.:* The effect of protein and fat content of the diet upon the toxicity of benzene to rats. Am. J. Physiol. *145:* 158 (1945).

68 *Löfroth, G. and Gejvall, T.:* Diethyl pyrocarbonate: formation of urethan in treated beverages. Science *174:* 1248–1250 (1971).

69 *Lück, H. and Joubert, F.J.:* Experiments with hydrogen peroxide treated milk. I. Influence on milk proteins. Milchwissenschaft *10:* 160–165 (1955).

70 *Luduena, F.P.; Fellows, J.K.; Laqueur, G.L., and Driver, R.L.:* Toxicity of polyethylene glycols by repeated epidermal applications. J. ind. Hyg. Toxicol. *29:* 390–392 (1947).

71 *McLean, A.E.M. and McLean, E.K.:* The effect of diet and 1,1,1-trichloro-2,2 bis (*p*-chlorophenyl) ethane (DDT) on microsomal hydroxylating enzymes and on sensitivity of rats to carbon tetrachloride poisoning. Biochem. J. *100:* 564–571 (1966).

72 *McLean, A.E.M. and Verschuren, H.G.:* Effects of diet and microsomal enzyme induction on the toxicity of dimethylnitrosamine. Br. J. exp. Path. *50:* 22–25 (1969).

73 *McLean, A.E.M. and Magee, P.N.:* Increased renal carcinogenesis by dimethylnitrosamine in protein deprived rats. Br. J. exp. Path. *51:* 587–590 (1970).

74 *McLean, A.E.M. and Marshall, A.:* Reduced carcinogenic effects of aflatoxin in rats given phenobarbitone. Br. J. exp. Path. *52:* 322–329 (1971).

75 *Mahaffey, K.R.; Goyer, R., and Hasemae, J.K.:* Dose-response to lead ingestion in rats fed low dietary calcium. J. Lab. clin. Med. *82:* 92–100 (1973).

76 *Mc Kinney, L.L.; Weakley, F.B.; Campbell, R.E.; Eldridge, A.C., and Cowan, J.C.:* Toxic protein from trichloroethylene extracted soybean meal. J. Am. Oil Chem. Soc. *34:* 461–466 (1957).

77 *Mc Kinney, L.L.; Weakley, F.B.; Eldridge, A.C.; Campbell, R.E.; Cowan, J.C.; Picken, J.C., and Biester, H.E.:* S(dichlorovinyl)-1-cystine: an agent causing fatal aplastic anemia in calves. J. Am. chem. Soc. *79:* 3932 (1957).

78 *Mc Kinney, L.L.; Picken, J.C.; Weakley, F.B.; Eldridge, R.E., and Campbell, R.E.:* Possible toxic factor of trichloroethylene extracted soybean oil meal. J. Am. chem. Soc. *81:* 909–915 (1959).

79 Malnutrition and drug metabolism in man. Nutr. Rev. *34:* 237–239 (1976).

80 *Mellanby, E.:* Diet in canine hysteria. Experimental production by treated flour. Br. med. J. *ii:* 885–887 (1946).

81 *Meunier, P.; Ferrando, R.; Jouanneteau, J. et Thomas, G.:* Influence de la vitamine A sur les conditions de "détoxication" du benzoate de sodium par l'organisme du rat en voie de croissance. C.r. hebd. Séanc. Acad. Sci., Paris *228:* 1254–1256 (1949).

82 *Meunier, P.; Ferrando, R. et Perrot-Thomas, G.:* Influence de la vitamine A sur la "détoxication" du monobromobenzène. Bull. Soc. Chim. biol. *32:* 50–56 (1950).

83 *Meyer, A.R.:* Influence of diet on intoxication with phenol and cyanide. Proc. Soc. exp. Biol. Med. *41:* 402–408 (1939).

84 *Miller, J.A.; Kline, B.E.; Rush, H.P., and Baumann, C.A.:* The effect of certain lipids on the carcino genecity of *p*-dimethylamino-azobenzene. Cancer Res. *4:* 756–761 (1944).

85 *Miller, J.A. and Miller, C.C.:* The carcinogenic aminoazo dyes. Adv. Cancer Res. *1:* 339–396 (1953).

86 *Mirvish, S.S.; Wallcave, L.; Eagen, M., and Shubick, P.:* Ascorbate-nitrite reaction: possible means of blocking the formation of carcinogenic N-nitroso compounds. Science *177:* 65–68 (1972).

87 *Mirvish, S.S.:* Formation of N-nitroso compounds: chemistry, kinetics, and *in vivo* occurrence. Toxic. appl. Pharmac. *31:* 325–351 (1975).

88 *Morgan, A.F.:* Nutritive value of dried fruits. J. publ. Hlth *25:* 328–335 (1935).

89 *Newberne, P.M.; Rogers, A.E., and Wogan, G.N.:* Hepatorenal lesions in rats fed a low lipotrope diet and exposed to aflatoxin. J. Nutr. *94:* 331–343 (1968).

90 *Newberne, P.M. and Conner, M.W.:* Selenium effect. Trace substance. Environ. Hlth *8:* 323–328 (1974).

91 *Newell, G.W.; Ericson, T.C.; Gilson, W.E., and Elvehjem, C.A.:* Effect of wheat gluten diet on electroencephalograms of dogs. Proc. Soc. exp. Biol. Med. *65:* 115–116 (1947).

92 *Nigro, N.D.; Singh, D.V.; Campbell, R.L., and Pak, M.S.:* Effect of dietary beef fat on intestinal tumor formation by azoxymethane in rats. J. natn. Cancer Inst. *54:* 439–442 (1975).

93 *Nikonorow, M. and Karlowski, K.:* Protein deficiency diets. II. Toxicity of butylated hydroxytoluene. Toxicology *1:* 277–287 (1973).

94 *Nixon, J.E.; Sinnhuber, R.D.; Lee, D.J.; Landers, M.K., and Harr, J.R.:* Effect of cyclopropenoid compounds on the carcinogenic activity of diethylnitrosamine and aflatoxin B_1 in rats. J. natn. Cancer Inst. *53:* 453–458 (1974).

95 *Ooi Gen:* Heavy metal intoxication. IX. Mutual action of methylmercuric chloride and selenium. Igaku No Ayumi *96:* 832–836 (1976).

96 *Palecek, F.:* Pulmonary damage in rats fed by beans. Experientia *25:* 285 (1969).

97 *Paris, R.; Vanel, H. et Vavasseur, J.:* Effet protecteur des dérivés flavoniques sur la mortalité par irradiation chez le lapin et chez la souris. Influence du régime alimentaire. Annls pharm. fr. *9:* 68–78 (1951).

98 *Patel, J.M.; Galdhar, N.R.; Javalgekar, S., and Pawar, S.S.:* Effect of protein malnutrition on hepatic drug metabolizing enzymes in adult male and female rats. Indian J. med. Res. *63:* 518–524 (1975).

99 *Pavcek, P.L.; Elvehjem, C.A.; Chatfield, C.; Frey, C.N.; Keys, A.; Maynard, L.A.; Nelson, E.M.; Smith, S.; Pett, L.B., and Phipard, E.:* Nutritive value of dehydrated vegetables and fruits. Indian Engng Chem. *38:* 853–856 (1946).

100 *Picken, J.C. and Biester, H.E.:* Mode of formation and chemical nature of the toxic entity causing the aplastic anemia in cattle fed trichloroethylene-extracted soybean oil meal. Abstracts. 132nd Meet. Am. Chem. Soc., 1957.

101 *Pirola, R.C. and Lieber, C.S.:* Energy wastage in rats given drugs that induce microsomal enzymes. J. Nutr. *105:* 1544–1548 (1975).

102 *Pritchard, W.R.; Baur, F.; Rehfeld, C.E.; Perman, V.; Sautter, J.H.; Shohacki Wada, M.S., and Schultze, M.O.:* Studies on trichloroethylene retracted feeds. VII. Observations with laboratory animals fed trichloroethylene retracted soybean oil meal. Am. J. vet. Res. *17:* 425–431 (1956).

103 *Ramos, A.R.:* Métabolisme des médicaments et nutrition. I. *N*-déméthylation de médicaments variés chez les rats recevant divers régimes. Boln Soc. quím. Perú *40:* 299–307 (1974).

104 Farbenfabriken Bayer: Rapport du 25 avril 1973 (OMS, Genève 1973; non publié).

105 *de Robertis, E.; Sellinger, O.Z.; Rodriguez de Lores, G.; Alberici, A.M., and Zieher, L.M.:* Nerve endings in methionine sulfoximine convulsant rats; a neurochemical and ultrastructural study. J. Neurochem. *14:* 81–89 (1967).

106 *Ronzio, R.A.; Rowe, W.B., and Meister, A.:* Mechanism of inhibition of glutamine synthetase by methionine sulfoximine. Biochemistry, N.Y. *8:* 1066–1075 (1969).

107 *Ross, M.H. and Bras, G.:* Tumor incidence patterns and nutrition in the rat. J. Nutr. *87:* 245–260 (1965).

108 *Ross, M.H. and Bras, G.:* Influence of protein under and over nutrition on spontaneous tumor prevalence in the rat. J. Nutr. *103:* 944–963 (1973).

109 *Rowe, W.B.; Ronzio, R.A., and Meister, A.:* Inhibition of glutamine synthetase by methionine sulfoximine. Methionine sulfoximine phosphate. Biochemistry, N.Y. *8:* 2674–2680 (1969).

110 *Sachan, D.S.:* Effect of low and high protein diets on the induction of microsomal drug metabolizing enzymes in rat liver. J. Nutr. *105:* 1631–1639 (1975).

111 *Salmon, W.D. and Copeland, D.H.:* Liver carcinoma and related lesions in chronic choline deficiency. Ann. N.Y. Acad. Sci. *57:* 664–677 (1953).

112 *Sander, J. und Bürkle, G.:* Induktion maligner Tumoren bei Ratten durch gleichzeitige Verfütterung von Nitrit und sekundären Aminen. Z. Krebsforsch. *73:* 54–66 (1969).

113 *Sapeika, N.:* Food pharmacology (Thomas, Springfield 1969); Farmacologia e tossicologia degli alimenti (Tamburini, Milano 1974).

114 *Saxton, J.A.; Sperling, G.A.; Barnes, L.L., and McLay, C.M.:* The influence of nutrition upon the incidence of spontaneous tumors of the albino rat. Acta Un. int. Cancr. *6:* 423–431 (1950).

115 *Schumb, W.C.; Satterfielf, C.N., and Wentworth, R.L.:* Hydrogen peroxyde. ACS Monogr., No. 128 (Reinhold, New York 1955).

116 *Shtuman, T.S.M.; Kuznetsova, L.N.; Parkhomeno, Y.M. et Biber, A.A.:* Rôle de la vitamine E et du sélénium dans la prévention des changements métaboliques déterminés par l'éthionine. Vitaminȳ *8:* 96–104 (1975).

117 *Silverstone, H. and Tannenbaum, A.:* The effect of the proportion of dietary fat on the rate of formation of mammary carcinoma in mice. Cancer Res. *10:* 448–453 (1950).

118 *Silverstone, H. and Tannenbaum, A.:* The influence of dietary fat and riboflavin on the formation of spontaneous hepatomas in the mouse. Cancer Res. *11:* 442–446 (1951).

119 *Sinnuber, R.O.; Lee, D.J.; Wales, J.H., and Ayres, J.L.:* Dietary factors and hepatoma in rainbow trout *(Salmo gairdnesi).* II. Cocarcinogenesis by cyclopropenoid fatty acids and the effect of gossypol and altered lipids on aflatoxin-induced liver cancer. J. natn. Cancer Inst. *41:* 1293–1301 (1968).

120 *Steinberg, M.; Kim, C.Y., and Schwende, F.J.:* Lysinoalanine: presence in foods and food ingredients. Science *190:* 992–994 (1975).

121 *Swann, P.F. and McLean, A.E.M.:* Cellular injury and carcinogenesis. The effect of a protein-free high carbohydrate diet on the metabolism of dimethylnitrosamine. Biochem. J. *124:* 283–288 (1971).

122 *Tannenbaum, A.:* Relationship of body weight to cancer incidence. Archs Path. *30:* 509–517 (1940).

123 *Tannenbaum, A.:* Initiation and growth of tumors. I. Effects of underfeeding. Am. J. Cancer *38:* 335–350 (1940).

124 *Tannenbaum, A.:* The genesis and growth of tumors. II. Effects of calorie restriction *per se.* Cancer Res. *2:* 460–467 (1942).

125 *Tannenbaum, A.:* The genesis and growth of tumors. III. Effects of a high-fat diet. Cancer Res. *2:* 168–474 (1942).

126 *Tannenbaum, A.:* The dependence of tumor formation on the composition of the calorie-restricted diet as well as on the degree of restriction. Cancer Res. *5:* 616–625 (1945).

127 *Tannenbaum, A. and Silverstone, H.:* The genesis and growth of tumors. IV. Effects of varying the proportion of protein (casein) in the diet. Cancer Res. *9:* 162–173 (1949).

128 *Tannenbaum, A. and Silverstone, H.:* Nutrition and genesis of tumors; in *Raven* Cancer, vol. 1, p. 306 (Butterworths, London 1957).

129 *Terracini, B. and Parker, V.H.:* A pathological study on the toxicity of S-dichlorovinyl-*L*-cysteine. Fd Cosmet. Toxicol. *3:* 67–74 (1965).

130 *Terracini, B. and Palestro, G.:* Effects of two nephrotoxic agents on new-born rats. Experientia *22:* 297–299 (1966).

131 *Truhaut, R.:* Toxicité à long terme et pouvoir cancérogène. Actualités pharmacologiques, 15e sér., pp. 257–306 (Masson, Paris 1963).

132 *Truhaut, R.:* Dangers de l'ère chimique. J. pure appl. Chem. *18:* 111–128 (1969).

133 *Truhaut, R.:* Remarques générales sur l'évaluation toxicologique des additifs aux ali-

ments et notamment des matières aromatisantes. Proc. Symp. on Safety Evaluation of Flavouring Substances. Int. Org. of the Flavour Industry, Geneva 1972.
134 *Truhaut, R.:* Toxicologie. Encycl. univ. *16:* 203–207 (1973).
135 *Truhaut, R.:* La toxicologie. Aperçus sur ses buts, ses problèmes et ses méthodes. Science *5:* 35–49 (1974).
136 *Truhaut, R.; Hien Do Phuoc et Nguyen Phu Lich:* Influence de l'administration de pesticides organohalogénés et de polychloro-biphényles sur le métabolisme de la zoxazolamine chez le rat. C.r. hebd. Séanc. Acad. Sci., Paris, sér. D *278:* 3003–3006 (1974).
137 *Truhaut, R. et Ferrando, R.:* La toxicité de relais. I. Principes généraux d'une approche méthodologique nouvelle pour l'évaluation toxicologique des additifs aux aliments des animaux d'élevage. Toxicologie *3:* 361–368 (1975).
138 *Truhaut, R.:* Toxicologie: allocution à la séance annuelle de l'Académie de Pharmacie le 7 janvier 1976. Compte rendu de la séance annuelle de l'Académie de Pharmacie. Annls pharm. fr. *34:* 43–61 (1976).
139 *Wade, A.D.; Wu, B., and Caster, W.O.:* Relation of dietary essential fatty acid consumption to hepatic drug hydroxylation. Pharmacology *7:* 305–314 (1972).
140 *Wattenberg, L.W.:* Effects of dietary constituents on the metabolism of chemical carcinogenis. Cancer Res. *35:* 3326–3331 (1975).
141 *Wesley, F.; Rourke, B., and Darbishire, O.:* The formation of persistent toxic chlorhydrins in foods by fumigation with ethylene oxide and with propylene oxide. Fd Res. *30:* 1037–1042 (1965).
142 *Whitehead, J.K. and Bentley, H.R.:* Preparation and some properties of aliphatic sulfoximines. J. chem. Soc. *1952:* 1572–1574.
143 Trace elements in human nutrition. Tech. Rep. Ser. Wld Hlth Org., No. 532 (1973).
144 Evaluation toxicologique de certains additifs alimentaires et notamment d'antiagglutinants, d'antimicrobiens, d'antioxygènes, d'émulsifiants et d'épaississants. Additifs alimentaires, vol. 5, pp. 131–138 (Organisation Mondiale de la Santé, Genève 1976).
145 *Wilson, H.R. et Eds, F. de:* Importance of diets in studies of chronic toxicity. Archs Ind. Hyg. Toxicol. Med. *1:* 73–80 (1950).
146 *Winteringham, F.P.W.:* Fate of labeled insecticide residues in food products. IV. Possible toxicological and nutritional significance of fumigating wheat with methyl bromide. J. Sci. Fd Agric. *6:* 269–273 (1955).
147 *Woodward, J.C. and Short, D.D.:* Toxicity of alkali-treated soyprotein in rats. J. Nutr. *103:* 569–575 (1973).
148 *Hamburger, J.:* L'homme et les hommes (Flammarion, Paris 1976).

Prof. *R. Ferrando,* Ecole nationale vétérinaire, *F–94701 Alfort* (France)
Prof. *R. Truhaut,* Faculté des Sciences pharmaceutiques et biologiques de Paris-Luxembourg, 4, avenue Observatoire, *F–75006 Paris* (France)

Wld Rev. Nutr. Diet., vol. 29, pp. 42–59 (Karger, Basel 1978)

Natural Toxic Substances in Food

J.C. Somogyi

Institute for Nutrition Research (Director: Prof. Dr. *J.C. Somogyi*), Rüschlikon-Zürich

Since the topic of this article is rather broad, a selection of some particularly important substances was inevitable. Therefore, this paper will be restricted to certain toxic agents, components of food, mainly of vegetable origin, including some of the naturally occurring antivitamins. However, it will not deal with substances which are produced either by bacteria, for instance the toxin of botulism, the enterotoxin of staphylococci (salmonellosis) or by yeasts such as various mycotoxins. Favism, lathyrism and only very briefly the interrelation between biogenic amines in foods and the intake of certain tranquilizers will be discussed and a more detailed account will be given on the effects of some antivitamins, especially of antithiamines occurring in habitual foods and beverages. It is fully realized that a selection of this kind is always subjective.

Favism, which is caused by the ingestion of the beans or the inhalation of the pollen of *Vicia faba* – commonly called broad bean – by susceptible individuals. The main symptom is hemolysis of varying intensity accompanied by high fever, icterus, and often by swelling of the liver and spleen. This disease is found mainly in Mediterranean countries and it was known already in Egypt as early as 2,000 years BC. In Sardinia, the disease is very common with an annual morbidity rate of 5 cases per 1,000 persons. But also outside the Mediterranean area, e.g. in Bulgaria, Iran, Iraq, some African countries and China favism is not seldom. Although the faba bean is cultivated in many countries of the world, e.g. in the USA and in South America, this disease there is rather rare.

The acute stage of favism lasts approximately 1–2 days, followed by complete spontaneous recovery. However, lethal cases caused by anuria due to severe hemolysis are described. Favism affects adults and children, the latter mainly between the ages of 1 and 5 years. A sex and age difference exists; males are more susceptible than females and children more than adults.

Concerning the mode of toxic action, it is generally accepted that favism is due to an inherited enzyme defect, caused by a deficiency of the enzyme glucose-6-phosphate dehydrogenase (G6P-DH) which is linked to a low concentration and instability of reduced glutathione (G-S-H) in the erythrocytes. This deficiency is transmitted by an incompletely dominant gene located in the X chromosome. As *Patwardhan and White* (1) mention, two genotypes of individuals can be predicted for males and three for females. These genetic differences may explain the wide variations of enzyme activities in different individuals.

For a long time, the toxic factors of the faba bean which may be responsible for hemolysis were unknown. But about 10 years ago, *Walker and Bowman* (2, 3) showed that in the extracts of *Vicia faba*, active agents are contained which oxidize G-S-H to a large extent. In case of the hereditary deficiency of G6P-DH, the disulfide form cannot be converted to a sufficient extent to the reduced G-S-H. This seems to be the cause of hemolysis.

The substances responsible for this oxidative effect in *Vicia faba* are *divicine* (2,4-diamino-5,6-dihydroxy-pyrimidine) and *isouramil* (6-amino-2,4,5-trihydroxypyrimidine), which occur as the glycosides vicine and convicine in the faba beans (fig. 1). Only the aglycones divicine and isouramil induce a hemolytic effect. They are formed partly in the beans themselves, partly in the intestines by the action of a β-glucosidase of bacteria. According to *Kosower and Kosower* (4), *L*-dopa (3,4-dihydroxy-*L*-phenylalanine) also plays a role in favism. This substance occurs in faba bean and exerts an oxydative effect. A synergistic action between divicine and isouramil on the one hand and *L*-dopa on the other hand was described by *Razin et al.* (5). In this connection, it was *Beutler* (6) who suggested that dopaquinone produced from *L*-dopa might be the hemolytic principle in faba beans. However, we still do not know the mechanism of destruction of the cell membranes.

Divicine — Isouramil

2, 4-Diamino-5,6-dihydroxy-pyrimidine — 4-Amino-2,5,6-trihydroxy-pyrimidine

as 5-β-*D*-Glucopyranoside

Vicine — Convicine

Fig. 1. Substances mainly responsible for the oxidation of the enzyme glucose-6-phosphate dehydrogenase (G6P-DH).

Table I. Lathyrogenic compounds producing neurological symptoms

Compound	Species	Author
L-α,γ-Diaminobutyric acid	*L. latifolius* *L. sylvestris* *L. aurantius* and further 10 Lathyrus species	*Ressler et al.*, 1961 (8)
N-γ-Oxalyl-α,γ-diaminobutyric acid	*L. multiflora* *L. undulatus* and further 8 Lathyrus species	*Ressler et al.*, 1961 (8) *Van Etten and Miller*, 1963 (9)
N-β-Oxalyl-α,β-diaminopropionic acid	*L. setifolius* *L. sativus* *L. latifolius* *L. clymenum* and 13 other Lathyrus species	Rao et al., 1964 Murti et al., 1964
(−)-β-Oxalylaminoalanine	*L. sativus*	Murti et al., 1964
α-Amino-ε-guanidinocaproic acid	*L. sativus* *L. cicera* *L. cliymenum*	Bell, 1962
N-β-*D*-Glucopyranosyl-*N*-α-*L*-arabinosyl-α,β-diaminopropionitrile	*L. sativus*	*Rukmini*, 1968, 1969 (10, 11)
β-Cyanoalanine	*V. sativa* and further 15 Vicia species	*Ressler et al.*, 1964 (12)
γ-Glutamyl-β-cyanoalanine	*V. sativa* and 15 other Vicia species	*Ressler et al.*, 1962, 1963, 1969

Lathyrism is another disease caused by some toxic factors contained in different Lathyrus varieties. Two types of lathyrism are known: *osteolathyrism*, which was observed after feeding the seeds of *Lathyrus odoratus* (sweet peas) and appears in animals (rats, chickens, turkeys) only, and *neurolathyrism* affecting not only animals (horses, cattle, rats), but also man. Neurolathyrism is caused by eating the seeds of *Lathyrus sativus* (common vetch) or sometimes those of *Lathyrus cicera* or *L. clymenum*. This neurological disease was already known to Hippokrates.

Although at the present time, neurolathyrism appears almost exclusively in India, several cases were observed also in Europe, for instance in Spain in 1943, and in some prisoner of war camps in the Far East. Since *L. sativus* grows well also under unfavourable agricultural conditions, it is cultivated in India in spite of its known toxic effect, but in some states of India its cultivation is prohibited.

The symptoms of *neurolathyrism* in man are characterized by paresthesia, spastic paralysis of the legs, paralysis of the muscles of the bladder and rectum; in extreme cases they may lead to death. As *Bell* (7) emphasizes: 'outbreaks of this disease are usually associated with periods of famine when large quantities of Lathyrus meal are eaten for want of other food.' If the flour of *L. sativus* is added as food supplement in small quantities to an adequate diet, it does not cause ill effects. It is interesting to mention that young males are more susceptible than females or older men.

As the first toxic factor which produces neurological symptoms, *L*-α,γ-diaminobutyric acid ($H_2NCH_2CH_2CH(NH_2)CO_2H$), a lower homologue of ornithine, was isolated from the seeds of *L. latifolius* (everlasting pea) by *Ressler et al.* (8) (table I). This compound is also contained in *L. sylvestris* in a high concentration of 1.4–2.7% (8, 9). According to *Ressler et al.* (8), *L*-α,γ-diaminobutyric acid produces tremors, convulsions, and death in rats; however, it does not cause paralysis, an important symptom of neurolathyrism. It is interesting that this compound is not present in the seeds of *L. sativus, L. cicera,* and *L. clymenum,* those species mainly implicated in human lathyrism.

A further toxic principle has been isolated from seeds of *L. sativus* by *Rukmini* (10, 11) and identified as *N*-β-*D*-glucopyranosyl-*N*-α-*L*-arabinosyl-α,β-diaminopropionitrile. However, it is not yet proved whether this substance plays a role in human neurolathyrism. Compounds responsible for the neurotoxicological action of some Lathyrus varieties are summarized in table I.

Very little is known about the mode of action of neurolathyrogens. *Ressler et al.* (12) found that after pyridoxine intake, the first toxic symptoms of β-cyanoalanins were delayed, the neurotoxic effects were diminished, and the toxicity reduced. Some authors consider the lathyrogens also as antivitamins of pyridoxine.

Osteolathyrism was observed – as briefly mentioned – after feeding seeds of *L. odoratus.* It appears in experimental animals (rats) as well as in domestic animals (chickens, turkeys) and is characterized by a severe disturbance of the development of bones and connective tissue; the latter manifests itself, for example, as aortic aneurism.

The toxic substance responsible for this disease has been isolated from seeds of *L. odoratus* by *Strong* and co-workers (13, 14) and from *L. pusillus* by *Dupuy and Lee* (15) and identified as β-*N*-(γ-*L*-glutamyl)aminopropionitrile. According to *Dasler* (16), the β-aminopropionitrile moiety is the physiologically active part of this compound (fig. 2).

$HOOCCHCH_2CH_2CONHCH_2CH_2CN$ (with NH_2 attached below the CH)

β-*N*-(γ-*L*-glutamyl)aminopropionitrile

$NH_2CH_2CH_2CN$

β-Aminopropionitrile (BAPN)
(active moiety)

Fig. 2. The toxic substance responsible for osteolathyrism and its physiologically active part.

β-Aminopropionitrile, iminodipropionitrile, and some other synthetic compounds also produce osteolathyrism (17). It appears that they exert their toxic effects by inhibition of the formation of elastic fibers in the wall of arteries, by increased proliferation of fibroblasts and by causing irregularities in the formation of collagen fibers.

The osteolathyrogens inhibit the formation of cross-linkages between the collagen and elastic chains. According to *Page and Benditt* (18), β-aminopropionitrile inhibits the copper-containing aminooxidase competitively and reversibly.

Furthermore, it is known that under *in vivo* conditions, this enzyme is involved in the formation of cyanoacetaldehyde from aminopropionitrile which might react with the amino groups of elastin and collagen. *Fowden* (19) has suggested that β-cyanoalanine plays a central role in the genesis of neurolathyrism as well as in osteolathyrism. This interesting hypothesis has not yet been proved. As mentioned before, osteolathyrogens do not produce toxic effects in man. However, a hereditary disease, the Marfan's syndrome, is known, some symptoms of which, e.g. aorta aneurism, spinal deformity, etc. are similar to those of osteolathyrism. Also, the Marfan's syndrome is caused by a disturbed formation of connective tissue.

It would be interesting to deal with the other naturally occurring toxic substances, for instance with the interaction between biogenic amines, such as tyramine, tryptamine, phenylethylamine, etc. in ripened cheese and certain tranquilizers of the benzylamine type, e.g. Pargyline. This example shows convincingly how two independently non-toxic compounds can exert a deleterious

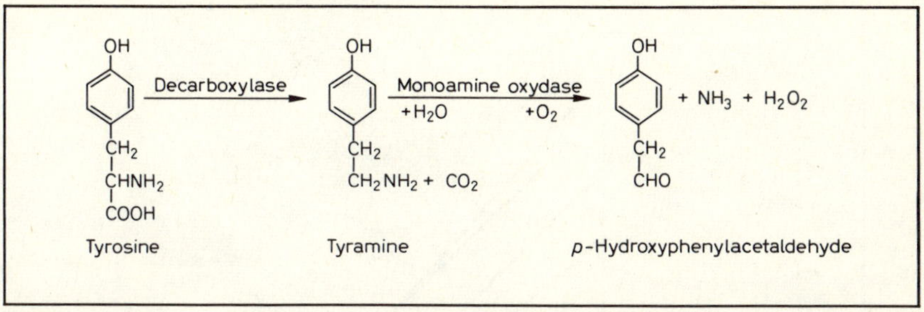

Fig. 3. The pathway of the formation of tyramine and its oxidation to *p*-hydroxyphenylacetaldehyde.

effect in man when combined; in this case, an increase of the blood pressure, which in some cases may even lead to death. This effect of Pargyline is due to its inhibition of monoaminoxidase as a consequence, tyramine is not oxidized to *p*-hydroxyphenylacetaldehyde and therefore accumulates in the organism (fig. 3).

In this connection, it should be mentioned that the paper of *Price and Smith* (53) shows how such an interrelation can be avoided. They found that tyramine in Gruyère cheese is mostly near the rind (fig. 4). The deeper portions should be relatively safe for patients receiving tranquilizers of the type of Pargyline.

According to these authors, it should be relatively easy to produce tyramine-free cheese, because tyramine 'is probably derived from aerobic bacteria which grow near the surface of the cheese and not from the Lactobacilli added for cheese manufacture which are anaerobes or facultative anaerobes permeating the whole cheese substance'.

It would also be of interest to discuss the consequences of an over-fertilization of spinach with nitrogen, causing an increase of the nitrate content in this plant. Nitrate can be reduced to nitrite under unfavorable transport or storage conditions (high temperature, close stacking) causing methemoglobinemia in babies fed with such spinach.

Several very good review articles deal with this problem, e.g. *Blackwell et al.* (54), *Blackwell and Marley* (55), *Fassett* (56) and *Schuphan* (57, 58).

It also would be worthwhile to deal with the goitrogens, hemaaglutinins, protein and protease inhibitors, with cyanogenic glycosides, various kinds of alcaloids, e.g. solanin, with histamines in wine and beer and with many more, their effects and mode of action in detail. However, this would be either out of the scope of such a paper or it would lead to a short, meaningless enumeration. I prefer to discuss another type of noxious compounds, some of the naturally occurring *antivitamins*.

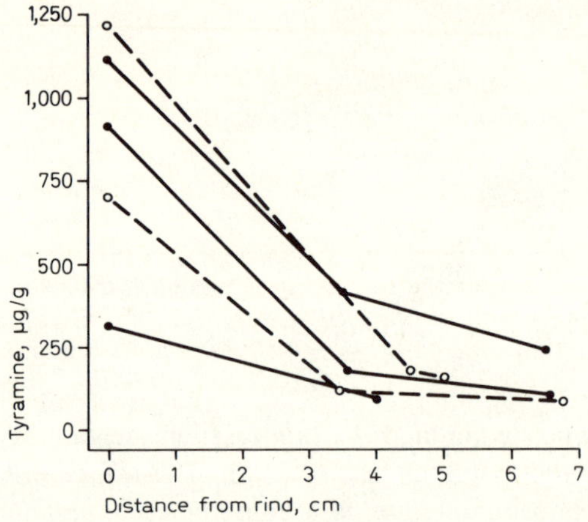

Fig. 4. The concentration of tyramine in various layers of Gruyère cheese.

Some years ago, I proposed to divide the antivitamins into two groups: (a) *structurally similar antivitamins,* i.e. compounds with chemical structures similar to the vitamin, capable of competing with the effects of the respective vitamin. (b) *Structure-modifying antivitamins,* i.e. substances mainly of biological origin which destroy or decrease the effect of a vitamin, either by modifying the molecule itself or by forming complexes with it. To this group belong the antivitamins occurring naturally in foods, some of which will be discussed here. The application of the proposed new classification of antivitamins in the case of the thiamine antagonists is shown in figure 5.

First, the *antagonists of pyridoxine* should be discussed, since some lathyrogens – e.g. β-cyanoalanine and according to *Lang* (20) also β-aminopropionitrile – are considered as antivitamins of pyridoxine. However, a definite proof is not yet established. This gives the connection to lathyrism discussed in the previous part of this paper.

The first antagonists of vitamin B_6 were described about 30 years ago. *Kratzer* (21, 22) reported that the growth of chickens was retarded by the feeding of flax seed and this growth retardation was diminished by ingestion of pyridoxine. From these and later experiments, it was concluded that flax seed contains antivitamin B_6 factors which are water-soluble and heat-stable and are counteracted by pyridoxine.

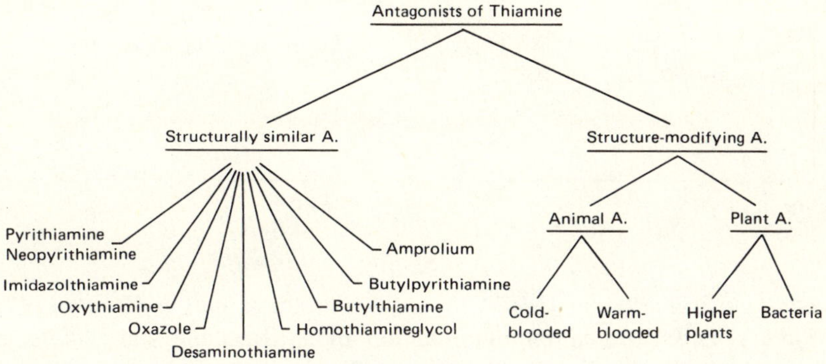

Fig. 5. Application of the proposed classification of antivitamins in the case of the thiamine antagonists.

Further exhaustive studies by *Klosterman et al.* (23–26) led to the isolation, characterization, and synthesis of the active substance. They suggested for the antagonist the name linatine (derived from the botanical designation of flax, *Linum usitatissimum*).

The tests used during the isolation were the inhibition of the growth of chickens and *Azobacter vinelandii.* It turned out that the active factor is the γ-glutamyl derivative of 1-amino-*D*-proline. It is easily hydrolyzed into glutamic acid and 1-amino-*D*-proline, the last mentioned product being the antivitamin (fig. 6).

Synthetic linatine shows the same physical, chemical, and biological properties as does the naturally occurring compound from flax (26). Its antagonistic action against vitamin B_6 can be understood in that the hydrolytically cleaved 1-amino-*D*-proline forms a stable complex with pyridoxalphosphate, as does avidin with biotin. The growth inhibition by extracts of flax seed was also confirmed on various bacterial strains by *Tjostem* (27).

Finally, the *naturally occurring antagonists of thiamine* should be summarized, a topic in which I am personally involved by many years of research. These antithiamine factors – as I designated them – are present in the viscera of various species of fish, predominantly in viscera of carp (Cyprinidiae) and in other cold-blooded animals, e.g. crustacea, then in plants and in bacteria. I cannot enter into the history of these active agents and into other details, even though it would be a very tempting task.

The opinions on the chemical nature of these compounds have been conflicting for a long time, because they were not isolated in a pure state. Japanese

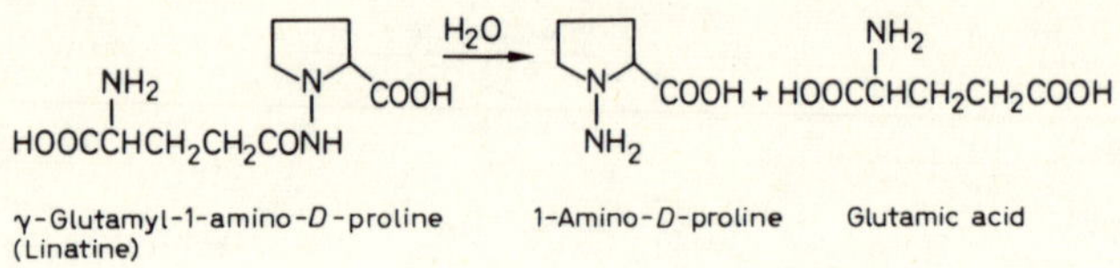

Fig. 6.

investigators, in particular *Fujita* (28) and his group as well as *Murata* (29) and co-workers, have worked on the isolation of antithiamine compounds from cold-blooded animals, ferns, and bacteria. This work was reviewed by *Murata* (29). These investigators claim that these organisms should contain two different thiamine-destroying enzymes: 'thiaminase I' in fish, shellfish, ferns, *Bacillus thiaminolyticus,* and *Clostridium thiaminolyticum;* and 'thiaminase II' in bacteria (particularly *Bacillus aneurolyticus*), yeast, and fungi.

Somogyi and co-workers have concentrated in the isolation of the antithiamine compound from carp viscera. *Lüscher et al.* (30) and *Somogyi* (31) succeeded in purifying an antithiamine factor by repeated precipitation with ammonium sulfate and at the isoelectric point (pH 5.0). A purification method was developed later, thus permitting isolation of the active compound as a dark-brown crystalline substance (32). 1 mg dry weight of this compound destroyed 1.8–2.2 mg of thiamine in *in vitro* tests in which the remaining intact thiamine was determined by both the thiochrome and microbiological methods.

Further studies by *Kündig and Somogyi* (33) on the purified active compound revealed that it was partly proteinaceous in nature and that a portion of the antithiamine activity could be recovered after enzymatic or acid hydrolysis of the protein. The active factor, designated substance K, was recovered from the hydrolysis mixture by gel filtration on Sephadex G-50 and Sephadex G-25 and was shown by a variety of analytical and spectral methods to resemble hemin very closely (table II).

Hemin or a very similar compound is, accordingly, the thermostable antithiamine factor contained in carp viscera. Whether additional antithiamine compounds are also present is an open question. The thiamine degradation produced by substance K proceeds equally well under both aerobic and anaerobic conditions. The inactivation of thiamine by this compound follows the mechanism previously described by *Krampitz and Woolley* (34) as well by *Somogyi and von Brasch* (35) for extracts of carp viscera. The thiamine molecule is split at the methylene bridge.

Inactivation of thiamine by certain plant foods, e.g. by extracts of a certain bean *(Phaseolus radiatus),* of cotton seeds and flax seeds, etc. was first described

Table II. Comparison of the microanalyses, molecular weight, and antithiamine activity between substance K and hemin chloride

	Substance K	Hemin-Cl	Remarks
C, %	62.85	62.60	
H, %	4.90	4.81	
N, %	8.66	8.50	
Fe, %	8.60	8.45	
Cl, %	5.50	5.33	
Molec. weight	650	650	by Sephadex gel filtration
		651.94	according to the literature
Antithiamine activity, μg/mg	3,300	3,300	by the thiochrome method 50% inactiv. test

by *Bhagvat and Devi* (36). The interest in this effect of plants was raised after *Weswig et al.* (37) produced experimental 'fern poisoning' by feeding bracken fern *(Pteridium aquilinum)* to rats, just as it occurs in cattle and sheep. High thiamine doses cured the sick animals. *Watanabe* (38) and *Parsons and Samruatruamphol* (39) independently demonstrated reduced thiamine excretion in human subjects given 15–20 g bracken fern/day. As *Jacobson* (40) and we could later show, fern extract inactivates thiamine *in vitro,* and the inactivation proceeds rapidly. According to *Somogyi and von Muralt* (41), bracken fern has a higher activity than other ferns and the thiamine antagonist of fern was recognized as a small thermostable molecule which in an electric field migrates exclusively toward the anode.

A thiamine-inactivating effect was detected in blackberries, blueberries, black currants, red cicerone, red beets, brussel sprouts, and red cabbage; somewhat smaller amounts were found in watercress, green cicerone, kefen, spinach, crisped cabbage, raspberries, and black cherries (42). Rice bran also contains a thiamine antagonist. Purified preparations from red cabbage and from blueberries (43) were similar to and possibly identical with the antithiamine compound in ferns.

According to the earlier investigations of my group (44, 45), fern extracts contain two thermostable antithiamine factors: so-called hydrolysates I and II. Later, *Berüter and Somogyi* (46, 59) isolated an antithiamine factor from bracken fern in a pure crystalline form. It was identified as 3,4-dihydroxy cinnamic acid (caffeic acid); complete (95–99%) inactivation, as measured by both the thiochrome and microbiological assay methods, occurred. Similar inactivation was brought about by various *o*-dihydroxyphenols. A close connection between chemical constitution and antithiamine activity was observed in *in vitro* experiments by *Somogyi and Bönicke* (47).

Table III. Antithiamine activity of various cinnamic acid derivatives

Compound	Structural formula	MW	Inactivated thiamine, %	
			thio-chrome method	micro-biolog. assay
3,4-Dihydroxycinnamic acid	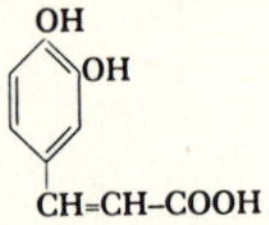	180.16	98	99
Cinnamic acid, K salt	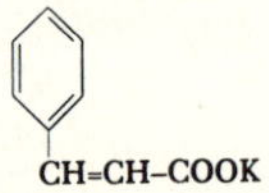	186.24	0	0
Cinnamic acid, chloride	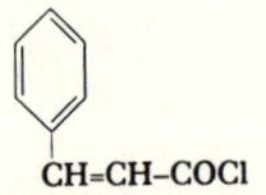	166.61	4	0
Cinnamic acid, ethyl ester	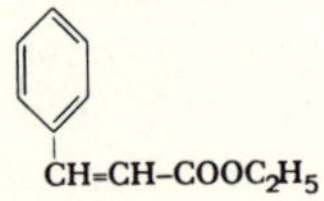	176.22	0	0
Dihydrocinnamic acid	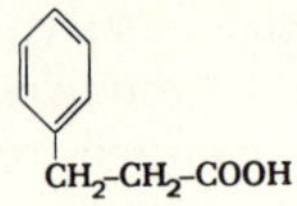	150.18	0	0
3-Methoxy-4-hydroxy-cinnamic acid	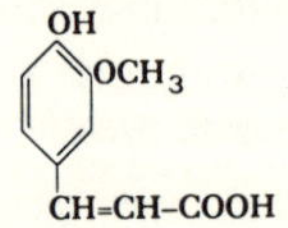	194.18	0	0
Trans-*o*-hydroxycinnamic acid	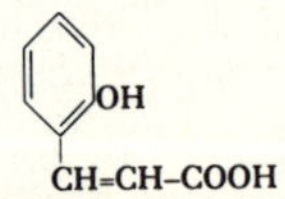	198.18	15	0

Compounds that possess the aliphatic side-chain of caffeic acid but that have no or only one OH-group, show no antithiamine activity (table III). According to these experiments, the number and the position of the OH-groups are of primary significance for the antithiamine effect of a phenol derivate. Catechol, for example, in which compound the two OH-groups are in the ortho-position as in caffeic acid, but lacks the aliphatic side-chain and inactivates thiamine practically to the same extent as the 3,4-dihydroxycinnamic acid. Resorcinol, on the other hand, in which the OH-groups are in the meta-position, has no activity, while hydroquinone, with two OH-groups in the para-position, shows a medium antithiamine activity (table IV).

Table IV. Antithiamine activity of various hydroxybenzenes

Compound	Structural formula	MW	Inactivated thiamine, %	
			thio-chrome method	micro-biolog. assay
Catechol	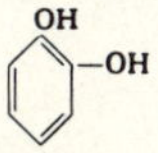	110.11	92	92
Phenol	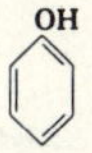	94.11	0	0
Resorcinol	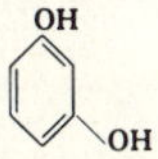	110.11	9	0
Phloroglucinol	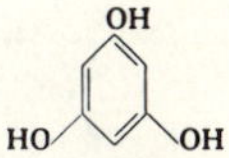	126.11	0	0
Pyrogallol	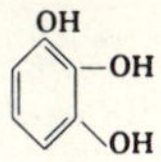	126.11	28	26
Hydroquinone	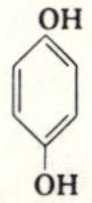	110.11	64	60
1,2,4-Trihydroxybenzene	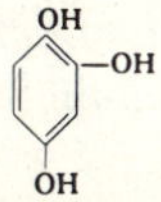	126.11	29	28

Heavy metals, such as iron and copper, do not affect the inactivation of thiamine by caffeic acid. The main part of the inactivation reaction of thiamine by caffeic acid or catechol is blocked under anaerobic conditions. The reaction consists of two phases, which are distinguished by their marked difference in reaction rate and reversibility and by their dependency on temperature, oxygen, and pH (48). The initial phase has a high reaction-rate constant, and over a wide range it is independent of pH and temperature. The second phase is characterized by its irreversibility under these conditions, by a much lower rate of reaction, and by its dependence on oxygen, pH, and temperature.

Although the antithiamine effect of *o*-diphenols was thus well established under *in vitro* conditions, as determined by the thiochrome method and by the microbiological assay, the results of which agree very well, little was known about the activity of this group of substances under *in vivo* conditions. *Bönicke and Czok* (49) have shown that after high doses of chlorogenic acid given orally

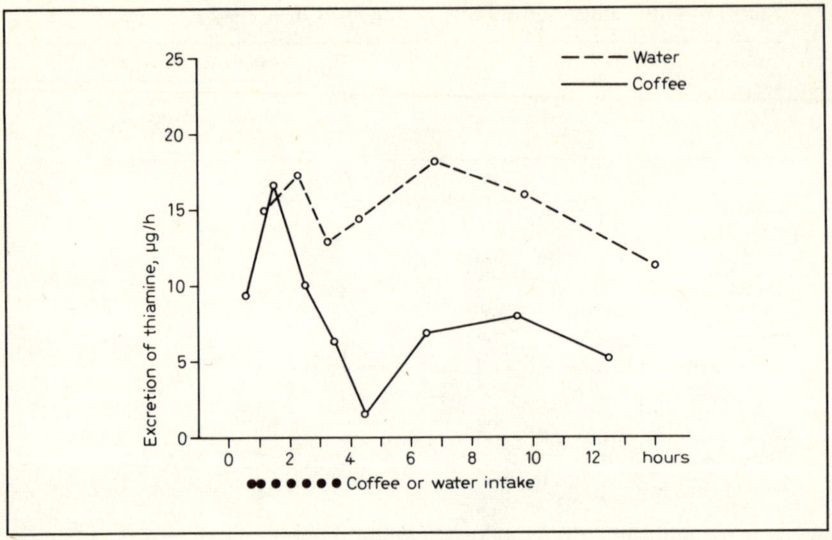

Fig. 7. The course of urinary thiamine excretion after coffee consumption or water ingestion.

to rabbits, their blood serum exerted an antithiamine effect *in vitro.* This is, however, only an indirect proof for an *in vivo* effect.

We were interested to know whether *o*-diphenols posses an antithiamine effect in humans – a question which, as far as we know, has not yet been investigated. Roasted coffee was used as the source of *o*-diphenols, since it has a high content of chlorogenic acid (3.1–4.5% of dry weight) and contains smaller quantities of caffeic acid and other diphenols. According to our above-mentioned experiments, chlorogenic acid possesses about the same antithiamine activity as caffeic acid. These investigations by *Somogyi and Nägeli* (50) were carried out with 34 male and 6 female volunteers, aged 23–30 years, all students of the University of Zürich. 1 liter of coffee (chlorogenic acid concentration 0.2%) was given in 7 portions within 3 h. Each of the probands received 8 days later the same quantity of water under comparable experimental conditions.

In order to clarify whether these ortho-diphenols produce *in vivo* an antithiamine effect, the urinary thiamine excretion and in a few cases the thiamine content of blood were determined and related to the urinary volume. Under these conditions the average thiamine excretion per hour can easily be calculated, and it gives more reliable results than its correlation to creatinine output. The course of a typical experiment of this series is shown in figure 7.

The decrease of the urinary thiamine excretion was more rapid and considerably greater after coffee intake than after ingestion of water. There was no

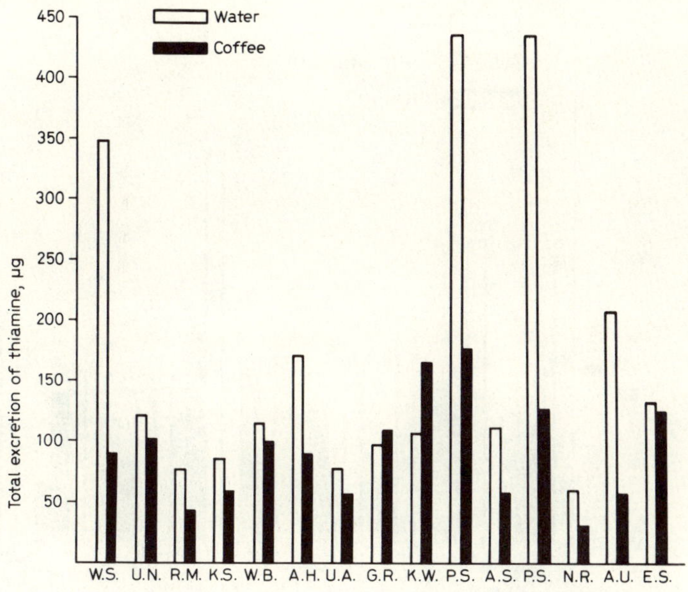

Fig. 8. Total urinary thiamine excretion after coffee intake or water ingestion.

principal difference in the results, whether the thiamine excretion was correlated to the urinary creatinine or to the urinary volume/h; however, the latter method gave the more constant results.

As mentioned before, the thiamine excretion during any period of the experiment as well as the total thiamine excretion can easily be calculated from the determined thiamine concentration and from the volume of the urine collected within a certain time. The total urinary thiamine excretion of each test person during 8–10 h has been determined (fig. 8).

With the exception of two probands among 15 volunteers, the total urinary thiamine excretion of all test persons was considerably lower after coffee consumption than after the intake of the same quantity of water. The average difference amounted to 45.5%. Subsequent comparative experiments have shown that the experimental procedure can be simplified. It is not necessary to collect the urine samples over several hours after coffee or water intake. Equally reliable results were obtained when the samples for the determination of thiamine and the urine volume were taken 2 h after the last coffee or water consumption. The duration of such an experiment could be reduced to 5 h.

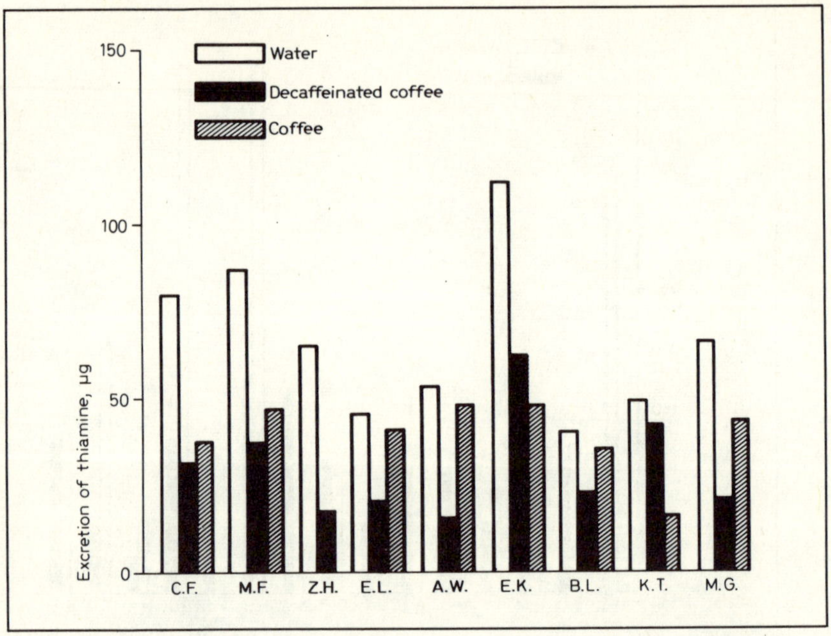

Fig. 9. Urinary thiamine excretion after intake of water, decaffeinated coffee, or coffee.

These experiments confirmed our previous findings. The urinary excretion of thiamine was again significantly lower (35.8%) after coffee consumption than after water ingestion.

Vimokesant et al. (51, 52) made similar observations on the antithiamine effect of tea in man. After drinking of tea or chewing of tea leaves, the transketolase-TPP effect was increased to deficient levels and decreased to normal by thiamine supplementation (10 mg/capita/day). The same authors also found that certain habitual foods in Thailand exert an antithiamine effect in man.

It was interesting to clarify whether the antithiamine effect of coffee is influenced to some extent by caffeine. Therefore, in experiments by *Somogyi and Schoch* (60) the effect of the decaffeinated coffee was investigated in 15 volunteers. Its chlorogenic acid content corresponds to that of normal coffee i.e. 3–4.5% of dry weight. The experimental conditions were a little modified by giving the probands 10 mg thiamine orally 1 h before starting the experiment (fig. 9).

The total urinary thiamine excretion within 5 h of each proband was determined after the intake of coffee, decaffeinated coffee, and of water. Both types of coffee exerted a depressing effect on the urinary thiamine excretion. In several cases, the urinary thiamine excretion after decaffeinated coffee was considerably lower (56%) than with the caffeine-containing product (34%), i.e. the ingestion of both kinds of coffee caused a stronger decrease in thiamine excretion than that of water.

I have attempted to give a brief review on some natural food components with toxic or otherwise harmful effects in man and higher animals. If this paper gives an incentive to discussions and further research in this interesting field, then its objectives have been reached.

References

1 *Patwardhan, V.N. and White, J.W.:* Problems associated with particular foods; in Strong toxicants occuring naturally in foods, pp. 477–507 (Natn. Academy of Sciences, Washington 1973).

2 *Walker, D.G. and Bowman, J.E.: In vitro* effect of *Vicia faba* extracts upon reduced glutathione of erythrocytes. Proc. Soc. exp. Biol. Med. *103:* 476–477 (1960).

3 *Bowman, J.E. and Walker, D.G.:* Action of *Vicia faba* on erythrocytes: possible relationship to favism. Nature, Lond. *189:* 555–556 (1961).

4 *Kosower, N.S. and Kosower, E.M.:* Does 3,4-dihydroxyphenylalanine play a part in favism? Nature, Lond. *215:* 285–286 (1967).

5 *Razin, A.; Hershko, A.; Glaser, G., and Mager, J.:* The oxidant effect of isouramil on red cell glutathione and its synergistic enhancement by ascorbic acid or 3,4-dihydroxyphenylalanine. Israel J. med. Scis *4:* 852–857 (1968).

6 *Beutler, E.: L*-Dopa and favism. Blood *36:* 523–525 (1970).

7 *Bell, E.A.:* Aminonitriles and aminoacids not derived from proteins; in Strong toxicants occurring naturally in foods, pp. 153–169 (Natn. Academy of Sciences, Washington 1973).

8 *Ressler, C.; Redstone, P.A., and Erenberg, R.H.:* Isolation and identification of a neuroactive factor from *Lathyrus latifolius.* Science *134:* 188–190 (1961).

9 *Etten, C.H. van and Miller, R.W.:* The neuroactive factor alpha-gamma-diaminobutyric acid in angiosperm seeds. Econ. Bot. *17:* 107–109 (1963).

10 *Rukmini, C.:* Isolation and purification of a new toxic factor from *Lathyrus sativus.* Indian J. Biochem. *5:* 182–184 (1968).

11 *Rukmini, C.:* Structure of the new toxin from *Lathyrus sativus.* Indian J. Chem. *7:* 1062–1063 (1969).

12 *Ressler, C.; Nelson, J., and Pfeffer, M.:* A pyridoxal-β-cyanoalanine relation in the rat. Nature, Lond. *203:* 1286–1287 (1964).

13 *McKay, G.F.; Lalich, J.J.; Schilling, E.D., and Strong, F.M.:* A crystalline 'lathyrus factor' from *Lathyrus odoratus.* Archs Biochem. Biophys. *52:* 313–322 (1954).

14 *Schilling, E.D. and Strong, F.M.:* Isolation, structure and synthesis of a lathyrus factor from *L. odoratus.* J. Am. chem. Soc. *76:* 2848 (1954).

15 *Dupuy, H.P. and Lee, J.G.:* The isolation of a material capable of producing experimental lathyrism. J. Am. pharm. Ass. *43:* 61–62 (1954).

16 *Dasler, W.:* Isolation of toxic crystals from sweet peas *(Lathyrus odoratus).* Science *120:* 307–308 (1954).

17 *Levene, C.I.:* Structural requirements for lathyrogenic agents. J. exp. Med. *114:* 295–310 (1961).

18 *Page, R.G. and Benditt, E.P.:* Interaction of the lathyrogen beta-aminopropionitrile (BAPN) with a copper-containing amine oxidase. Proc. Soc. exp. Biol. Med. *124:* 454–459 (1967).

19 *Fowden, L.:* Isolation of γ-hydroxynorvaline from *Lathyrus odoratus* seed. Nature, Lond. *209:* 807–808 (1966).

20 *Lang, K.:* Die ernährungsphysiologische Bedeutung unerwünschter pflanzeneigener Stoffe in natürlichen Lebensmitteln pflanzlicher Herkunft. Ernährungs-Umsch. *23:* 235–239 (1976).

21 *Kratzer, F.H.:* The treatment of linseed meal to improve its feeding value for chicks. Poult. Sci. *25:* 541–542 (1946).

22 *Kratzer, F.H.:* Effect of duration of water treatment on the nutritive value of linseed meal. Poult. Sci. *26:* 90–91 (1947).

23 *Klosterman, H.J.; Olsgaard, R.B.; Lockhart, W.C., and Magill, J.W.:* Proc. N. Dak. Acad. Sci. *14:* 87 (1960).

24 *Klosterman, H.J.; Farley, T.M.; Parsons, J.L., and Lamoureux, G.L.:* The antipyridoxine factor in flaxseed. Abstr. Div. Agric. Food Chem. Am. Chemical Society, New York 1963.

25 *Klosterman, H.J.; Lamoureux, G.L.; Parsons, J.L., and Diner, A.:* Isolation and characterization of an antipyridoxine factor from flaxseed. Abstr. Great Lakes Regional Meet. of the Am. Chemical Society, Chicago 1966.

26 *Klosterman, H.J.; Lamoureux, G.L., and Parsons, J.L.:* Isolation, characterization and synthesis of linatine. A vitamin B_6 antagonist from flaxseed *(Linum usitatissimum).* Biochemistry *6:* 170–177 (1967).

27 *Tjostem, J.L.:* Microbiological studies on the vitamin B_6 antagonist found in flaxseed. Proc. Iowa Acad. Sci. *72:* 51–62 (1965).

28 *Fujita, A.:* Thiaminase. Adv. Enzymol. *15:* 389–421 (1954).

29 *Murata, K.:* Thiaminase. Review of Japanese literature on beri-beri and thiamine. Vitam. B Res. Comm. Jap. Tokyo *220* (1965).

30 *Lüscher, E.; Bührer, G. und Somogyi, J.C.:* Im Beitrag *Somogyi* Metaboliten und antimetaboliten; in *Bauer* Ergebnisse der medizinischen Grundlagenforschung (Thieme, Stuttgart 1956).

31 *Somogyi, J.C.:* On the antimetabolites of thiamin. Biblthca Nutr. Dieta, No. 1, pp. 77–104 (Karger, Basel 1960).

32 *Somogyi, J.C. und Kündig, H.:* Die Isolierung eines kristallinen Antithiaminwirkstoffes aus Karpfeneingeweide. Acta chem. scand. *17:* 302–307 (1963).

33 *Kündig, H. and Somogyi, J.C.:* Isolation of the active moiety of the antithiaminecompound from carp viscera. Int. Z. VitamForsch. *37:* 476–481 (1967).

34 *Krampitz, L.O. and Woolley, D.W.:* The manner of inactivation of thiamine by fish tissue. J. biol. Chem. *152:* 9–17 (1944).

35 *Somogyi, J.C. and Brasch, A. von:* in *Somogyi* Inactivation of aneurin by extracts of animal and plant tissues. Int. Z. VitamForsch. *21:* 341–346 (1949).

36 *Bhagvat, K. and Devi, P.:* Inactivation of thiamine by certain foodstuffs and oil seeds. II. Indian J. med. Res. *32:* 123–130 (1944).

37 *Weswig, P.H.; Freed, A.M., and Haag, J.R.:* Antithiamine activity of plant materials. J. biol. Chem. *165:* 737–738 (1946).

38 *Watanabe, H.:* Studies on the nutritional value of fern (3) thiamine content of the fern and its assay. Kokumin Eisei *21:* 134 (1953); cited by *Murata* (29).

39 *Parsons, H.T. and Samruatruamphol, S.:* An antithiamine effect produced in human subjects by bracken ferns. J. Am. diet. Ass. *31:* 790–793 (1955).

40 *Jacobson, K.P.:* Sur une thiaminase végétable. Arch. Port. Sci. Biol. *10:* 52–54 (1948).

41 *Somogyi, J.C. und Muralt, A. von:* Inaktivierung von Aneurin durch Farnkrautextrakte. Helv. physiol. pharmac. Acta *7:* C 56 (1949).
42 *Kündig, H. und Somogyi, J.C.:* Antithiaminwirkstoffe in pflanzlichen Nahrungsmitteln. Int. Z. VitamForsch. *34:* 135–141 (1964).
43 *Hilker, D.:* Antithiamine factors in blueberries. Int. Z. VitamForsch. *38:* 387–391 (1968).
44 *Somogyi, J.C. und Koller, A.:* Über die chemische Natur eines Antianeurinwirkstoffes im Farnkraut. Int. Z. VitamForsch. *29:* 234–243 (1959).
45 *Koller, A. und Somogyi, J.C.:* Weitere Versuche zur Isolierung eines thermostabilen Antianeurinwirkstoffes aus Adlerfarnkraut. Int. Z. VitamForsch. *31:* 230–233 (1961).
46 *Berüter, J. and Somogyi, J.C.:* Isolation of a crystalline antithiamine factor from fern. Proc. 5th Int. Congr. Nutr., 1966 p. 543.
47 *Somogyi, J.C. and Bönicke, R.:* Connection between chemical structure and antithiamine activity of various phenol derivatives. Int. Z. VitamForsch. *39:* 65–73 (1969).
48 *Davis, J.S. and Somogyi, J.C.:* Reaction mechanism of the inactivation of thiamine by 3,4-dihydroxycinnamic acid. Int. J. Vitamin Res. *39:* 401–406 (1969).
49 *Bönicke, R. und Czok, G.:* Zur Frage der Antithiaminaktivität des Kaffees. Proc. 4th Coll. Int. Chim. Cafés Verts, 1970, pp. 209–214.
50 *Somogyi, J.C. and Nägeli, U.:* Antithiamine effect of coffee. Int. J. Vitamin Nutr. Res. *46:* 149–153 (1976).
51 *Vimokesant, S.L.; Nakornchai, S.; Dhanamitta, S., and Hilker, D.M.:* Effect of tea consumption on thiamine status in man. Nutr. Rep. int. *9:* 371–376 (1974).
52 *Vimokesant, S.; Nakornchai, S.; Rungruangśak, K.; Dhanamitta, S., and Hilker, D.M.:* Food habits causing thiamine deficiency in humans. J. Nutr. Sci. Vitaminol. Suppl. *22:* 1–2 (1976).
53 *Price, K. and Smith, S.E.:* Cheese reaction and tyramine. Lancet *i:* 130–131 (1971).
54 *Blackwell, B.; Marley, E.; Price, J., and Taylor, D.:* Hypertensive interactions between monoamine oxidase inhibitors and foodstuffs. Br. J. Psychiat. *113:* 349–365 (1967).
55 *Blackwell, B. and Marley, E.:* Monoamine oxidase inhibition and intolerance to foodstuffs. Biblthca Nutr. Diet., No. 11, pp. 96–110 (Karger, Basel 1969).
56 *Fassett, D.W.:* Nitrates and nitrites; in *Strong* Toxicants occurring naturally in foods, pp. 7–25 (Natn. Academy of Sciences, Washington 1973).
57 *Schuphan, W.:* The nitrate content of spinach *(Spinacia oleraces)* in relation to methemoglobinemia in infants. Z. ErnährWiss. *6:* 207–209 (1965).
58 *Schuphan, W.:* Bildung von Nitrat und Nitrit im pflanzlichen Stoffwechsel. Biblthca Nutr. Diet., No. 11, pp. 120–132 (Karger, Basel 1969).
59 *Berüter, J. and Somogyi, J.C.:* 3,4-Dihydroxycinnamic acid, an antithiamine factor of fern. Experientia *23:* 996 (1967).
60 *Somogyi, J.C. and Schoch, W.:* Antithiamine effect of decaffeinated coffee (in press, 1977).

Prof. *J.C. Somogyi,* Institute for Nutrition Research, *CH–8803 Rüschlikon-Zürich* (Switzerland)

Wld Rev. Nutr. Diet., vol. 29, pp. 60–76 (Karger, Basel 1978)

Metabolism of Drugs and Other Foreign Compounds by Intestinal Microorganisms

Robert V. Smith

Drug Dynamics Institute, College of Pharmacy, University of Texas at Austin, Austin, Tex.

Introduction

In advanced technological societies, man and other mammals are being challenged by an ever increasing number and variety of foreign organic compounds (xenobiotics). Whether unintentionally consumed (environmental pollutants) or purposefully employed for some beneficial result (drugs), the biological effects of such agents are frequently modulated by biotransformations. Thus, drug (xenobiotic) metabolism has become an increasingly important area of investigation.

Many drugs and other foreign substances are well absorbed from the stomach and/or upper small intestine when administered *per os* (1, 2). Contact with the gastrointestinal tract *per se* and the liver may lead to chemical transformations. Enzymes located in these tissues (and to a lesser extent in kidney, lung and skin) (3) are capable of metabolizing xenobiotics.

Hepatic biotransformations are frequently effected in a biphasic process. Phase I consists of oxidation, reduction, and hydrolysis reactions while phase II involves conjugative reactions (sometimes known as synthetic reactions) between the drug (or metabolite) and common body constituents. Of the phase I reactions, oxidative transformations (mediated through monooxygenases) are of greatest importance quantitatively. A considerable amount of effort has been expended in recent years to unravel the intricacies of these hepatic enzymes (4–6).

Microorganisms that mimic mammalian oxidative metabolism. A number of microorganisms possess monooxygenases similar to those found in mammalian tissues (7). Indeed, remarkable parallels are observed for certain mammalian transformations (e.g. aromatic hydroxylation, 0-dealkylations) and those occurring in a number of fungi and certain bacterial species. Interestingly, the closest correlation exists between eukaryotic organisms and mammals (both possessing monooxygenases) in contrast to prokaryotic microorganisms which seem to produce a preponderance of diooxygenase enzymes (8). It should be emphasized that the organisms referred to here are all aerobic and are different from most of the normal microorganisms of the gastrointestinal tract (vide infra).

Biliary elimination of drugs and metabolites. After passage through the liver, drugs and other foreign compounds (or their metabolites) can pass into the systemic circulation where they may ultimately be eliminated by the kidneys. Alternatively, compounds may be excreted into the intestine via the bile. In some instances reabsorption and (enterohepatic) circulation between the liver and intestine may occur. These processes have been most extensively studied and described by workers at the St. Mary's Hospital Medical School in London (9–12). For the purposes of this paper, biliary secretion can be thought of as a mechanism whereby xenobiotics and their metabolites come in contact with intestinal microflora.

Fate of poorly absorbed compounds. Certain substances are poorly absorbed from the gastrointestinal tract. Neglecting the phenomenon of *active absorption* (which appears to be most important for nutrients), a blend of physiochemical properties will be necessary for efficient absorption via passive diffusion processes. Thus, compounds that are very water-insoluble or possess a number of highly polar (and usually ionized) groups will not be well absorbed. Poorly absorbed compounds and drugs/metabolites undergoing extensive biliary excretion will come into most intimate contact with intestinal microorganisms. A number of drugs and food additives meet these criteria. The biotransformations of such materials by gut microflora and the possible biological consequences of these reactions will be the principal topics of this paper.

Characteristics of Intestinal Microflora

Study of gastrointestinal flora has been difficult because of the number and types of organisms found in this region of the body. Indeed, most recent investigations indicate that over 100 species and subspecies are typically found in

Table I. Intestinal microflora of mammals[1]

Types of organisms	Examples	Relative abundance
Gram-negative, anaerobic rods	*Bacteriodes, Bifidobacterium* (anaerobic lactobacilli) *Eubacterium, Fusobacterium*	100
Gram-negative, aerobic or facultatively anaerobic rods	*Escherichia coli, Aerobacter* and certain lactobacilli	1–10
Gram-positive, anaerobic rods	*Clostridia* sp.	<1
Miscellaneous aerobes	Yeasts, pseudomonads	<1

[1] Approximations derived from a number of studies (13–15).

Table II. Transformations mediated by intestinal microorganisms

Reductive reactions
- Reduction of double bonds, N-oxides and arsonic acids
- Reduction of azo, nitro, ketone and aldehyde groups
- Dehydroxylation of phenols, alcohols and N-hydroxy compounds

Hydrolysis reactions
- Hydrolysis of amides, esters, glycosides, nitrates, sulfamates, and sulfate esters

Other reactions
- N-Acetylation, aromatization (hydroxyalicyclic compounds), O- and N-dealkylations, decarboxylations and nitrosamine formation

humans (13, 14). Other mammals contain at least 60 different species of organisms (15). A listing of gastrointestinal organisms and their relative abundances are given in table I. As noted therein, Gram-negative, anaerobic rod-shaped microorganisms, such as *Bacteriodes* sp., comprise over 90% of the intestinal flora of most species of animals. The remaining organisms consist of anaerobic or facultatively anerobic enterobacteria (e.g. *E. coli*) and small percentages of aerobic organisms such as certain lactobacilli, streptococci, staphylococci and yeasts (13–15).

In man, the small intestine is sparsely populated with microorganisms, most of which are aerobic or facultatively anaerobic in nature. Below the ileocecal valve, the proportion of anaerobic microorganisms increases to the point where they may outnumber aerobes and facultative anaerobes by a factor of 10^3 to 10^4 (16).

Generally, the same types of organisms are found in the gastrointestinal tracts of man and various laboratory animals (dog, rat, rabbit) though variations in proportions of species do exist (17). Differences are also found in the longitudinal distribution of microflora with man showing smaller numbers of organisms above the colon when compared to most other animals (15).

The composition of intestinal microflora is affected by age, diet and physical health (15). Also, the consumption of antibiotics can markedly influence the numbers and types of gut microorganisms (18). Indeed, antibiotics (especially neomycin) are frequently utilized in controlled studies to determine whether or not a given transformation is mediated by intestinal organisms.

Biotranformations of intestinal microorganisms. Table II lists the types of reactions observed in gut microorganisms. The importance of reductive-type reactions is notable and unquestionably reflects the importance of anaerobic organisms in the intestine of mammals. Hydrolysis reactions are also of importance especially with drugs that are excreted in bile as conjugates. The latter can be hydrolyzed, permitting reabsorption of the parent drug or metabolite. Other reactions include N- and O-dealkylations which are especially interesting because of the marked occurrence of these biotransformations in hepatic tissue.

The induction of certain chemical activities in intestinal microorganisms has been demonstrated in case of cyclamate hydrolysis (vide infra) and the (possible oxidative) degradation of certain flavanoids (15). However, there is reason to believe that the phenomenon is of broader importance than these two cases imply (15) and warrants considerable additional study.

Examples of Biotransformations by Intestinal Microorganisms

In the sections following, selected examples of biotransformations by intestinal microorganisms are described. An attempt has been made to limit the discussion to drugs or drug-like substances and food additives because of the likely readership of this paper. Furthermore, cases have been chosen where the reactions of gut microflora are likely to alter the pharmacological and/or toxicological behavior of the agent administered.

Drugs

Prontosil and neoprontosil. It has been known for many years that prontosil (I) and neoprontosil are active antibacterials because of their *in vivo* conversion to sulfanilamide (III). However, it was not until 1969 that *Gingell et al.* (19)

discovered the important role that gut microorganisms play in these transformations. About one half of an orally administered dose of I is excreted in the urine of rats as III. In comparison to I, neoprontosil is not as well absorbed from the gastrointestinal tract because of its greater polarity; yet, nearly 50% of an oral dose of II appears in the urine as III. Administration of antibiotics to rats receiving I and II significantly reduces their conversions to III, thus implicating intestinal microorganisms in the azo-reduction reactions necessary to account for these results.

Salicylazosulfapyridine. Intestinal microflora probably influence the therapeutic efficacy of salicylazosulfapyridine (IV). This drug is often used in the treatment of ulcerative colitis and other inflammatory diseases of the bowel. When administered to rats and normal humans, little of the intact drug is found in the feces. One metabolite, 5-aminosalicylic acid (V) is found in high levels in the feces while the other metabolite, sulfapyridine (VI) is observed primarily in the urine (20–22). Experiments with germ-free rats and animals treated with neomycin suggested that microbial azo-reductases affect the release of the antiinflammatory agent 4-aminosalicylic acid (20). Recent studies of *Schroder and Johansson* (23) support this conclusion.

Hydroxystilbenes. Rats and rabbits convert orally or parenterally administered *trans*-stilbene (VII) into a number of hydroxylated bibenzyl derivatives (such as VIII and IX) (24–28). Recent experiments (26–28) indicate that VII is hydroxylated and conjugated in the liver. The conjugates are excreted in the bile and double-bond reduction is effected in the intestine by microflora.

Diethylstilbestrol (X), a drug widely used for its estrogenic activity, undergoes hepatic glucuronidation, biliary excretion and enterohepatic circulation (29–31). The latter is accomplished by hydrolysis of glucuronide(s) of X by gut microflora and reabsorption of the parent drug. A recent report (32) suggests that diethylstilbestrol may be more extensively metabolized than previously indicated. In light of the studies with *trans*-stilbene (24–28), the possible microbial conversion of diethylstilbestrol to the active estrogen hexestrol (XI) (33) should be investigated.

Chloramphenicol. The antibiotic chloramphenicol (XII) is widely used for infections resistant to many commonly employed antibiotics. In rats, significant amounts of XII are excreted in the urine as primary aromatic amine metabolites (34). These compounds probably result from nitro-reduction by gut microorganisms. Early studies (35) indicated that nitro-reduction does not occur in man. However, recent investigations by a number of workers (36–38) confirm the importance of gut microorganisms in the reduction of aromatic nitro compounds. Because toxic effects are frequently associated with primary aromatic amines and there is a significant incidence of serious side-effects following prolonged usage of chloramphenicol (39), metabolism studies should be performed during chronic administration of this drug in man.

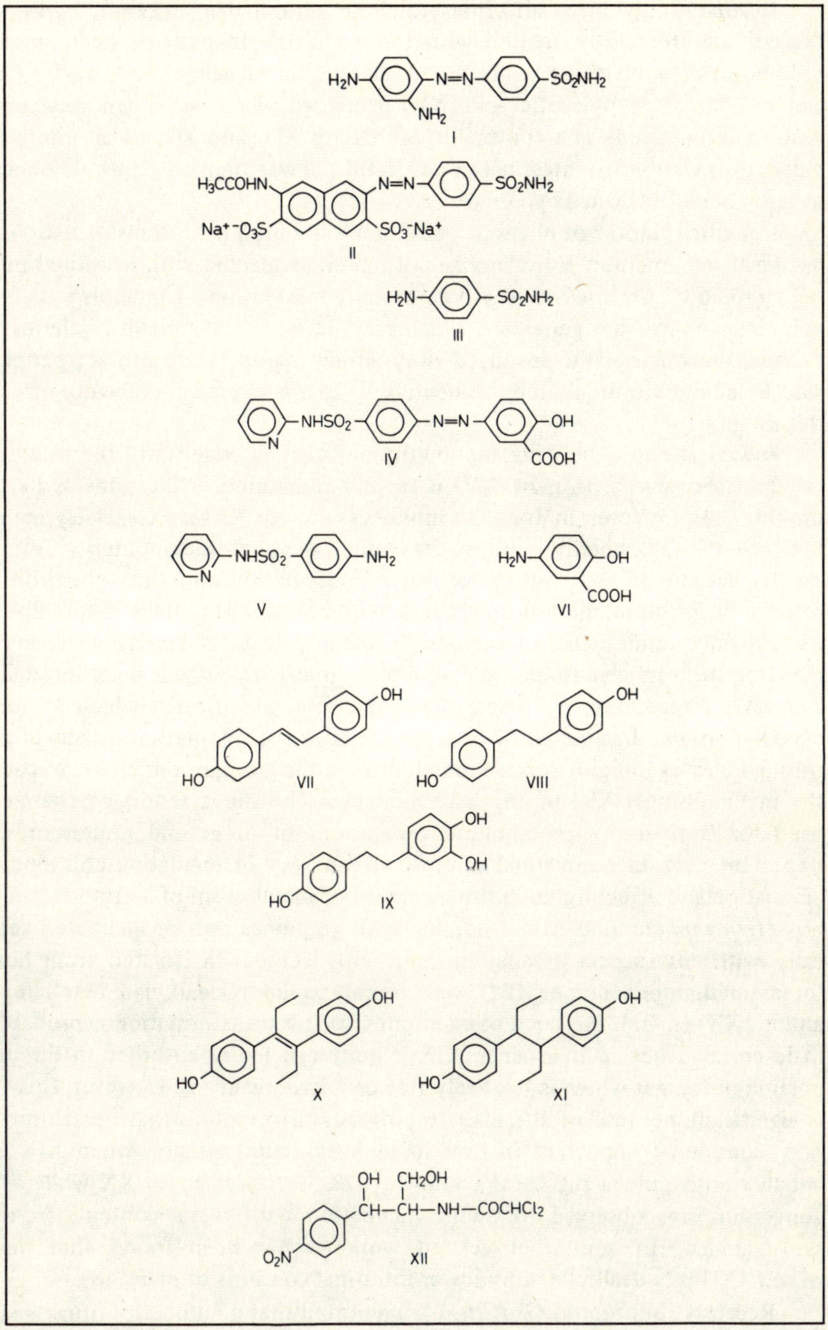
I
II
III
IV
V
VI
VII
VIII
IX
X
XI
XII

L-*Dopa.* Individuals suffering from the neurological disorder, Parkinson's disease, are frequently treated with *L*-dopa (XIII). In patients maintained on *L*-dopa, *Sandler et al.* (40, 41) noted that urinary levels of *m*-tyramine (XIV) and *m*-hydroxyphenylacetic acid (XV) decreased when neomycin was concurrently administered. The conversion of XIII to XIV and XV via an intervening *p*-dehydroxylation by intestinal microorganisms was suggested (40, 41) and has recently been confirmed by *Goldin et al.* (42).

Dehydroxylation of phenolic compounds is a unique biotransformation that has been documented for a number of materials reacted with intestinal microflora (15, 43). An interesting aspect of dehydroxylation of phenols is that less polar metabolites are generated which may be readily absorbed. In the case of *L*-dopa, the microbially produced *m*-tyramine may serve to protect peripheral catecholamine stores, thereby contributing to the overall therapeutic effect of this drug (40, 41).

Indomethacin. The drug indomethacin (XVI) is widely utilized as an anti-inflammatory agent. In man, XVI is rapidly eliminated in the urine as its glucuronide (44); however, in dogs and monkeys (45, 46) XVI is extensively metabolized to its O-desmethyl and N-des-*p*-chlorobenzoyl metabolites (XVII and XVIII) because of extensive enterohepatic circulation and the β-glucuronidase activity of intestinal microflora. That is, indomethacin is initially metabolized to its acyl-glucuronide which is excreted in the bile. Intestinal microorganisms free the drug from its glucuronide metabolite so that it may cycle back through the liver. After several such cycles, the metabolites are formed which are either excreted in the bile or urine. Thus, enterohepatic circulation, made possible through cleavage of glucuronide metabolites in the gut, has a dramatic impact on the metabolism of XVI in dogs and monkeys. The above results emphasize the need for comparative metabolic investigations of drugs and underscores the important role that intestinal microflora can play in regulating enterohepatic circulation and effecting the ultimate extent of metabolism of a drug.

Methamphetamine. When administered to guinea pigs or incubated aerobically with enterococci or anaerobically with lactobacilli isolated from human feces, methamphetamine (XIX) was found to be N-dealkylated to amphetamine (XX) (47). It has been pointed out that this transformation is probably of little consequence in man since XIX is quite efficiently absorbed in the upper portion of the gut which is relatively free of microorganisms. However, this work is significant because of the discovery of a transformation that heretofore was only considered important in liver metabolism. Interestingly, when XIX is incubated with guinea pig cecal contents, 47% is converted to XX while a 76% conversion was observed following incubation with rectal contents from the same animal. In somewhat related work, it has been found that imipramine (XXI) is N-dealkylated by lower intestinal contents of man (48).

Recently, *Smith and Griffiths* (49) reported that a number of drugs, such as

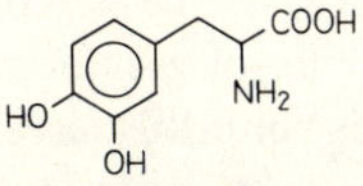
XIII

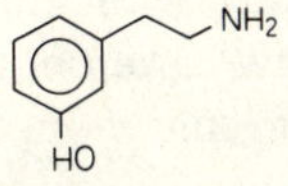
XIV

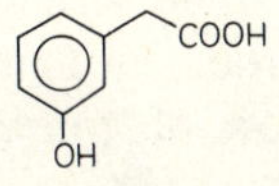
XV

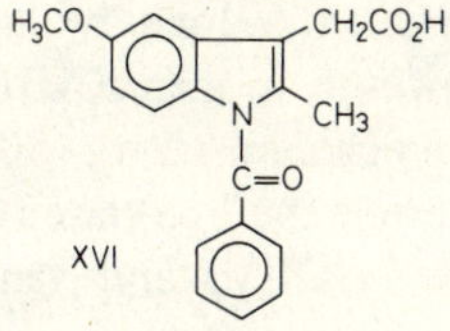
XVI

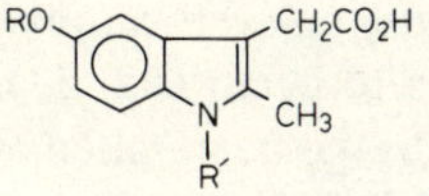
XVII, R=H, R′= $-C(=O)-C_6H_4-Cl$

XVIII, R=CH_3, R′=H

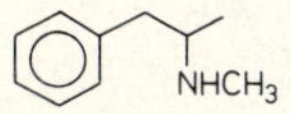
XIX

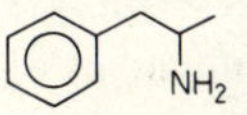
XX

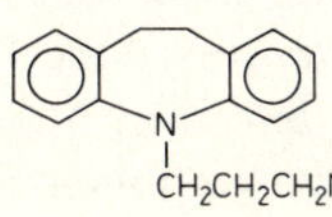
XXI

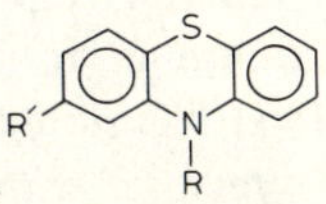
XXIIa, R=$CH_2CH_2CH_2(CH_3)_2$; R′=Cl

XXIIb, R=$CH_2CH(CH_3)N(CH_3)_2$; R′=H

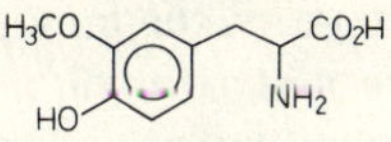
XXIII

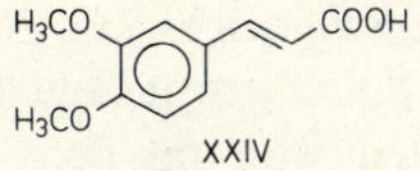
XXIV

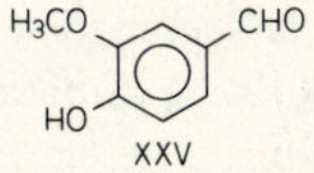
XXV

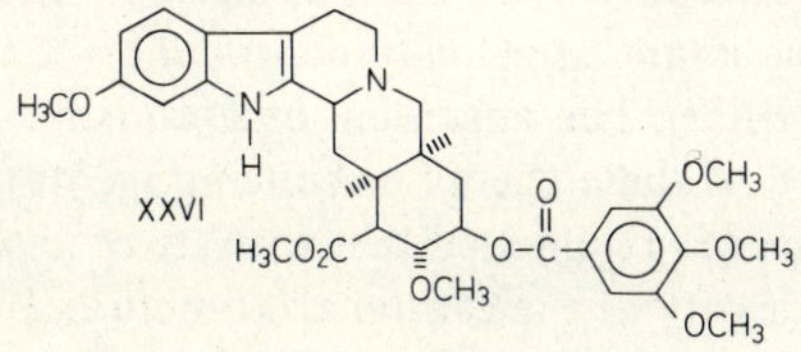
XXVI

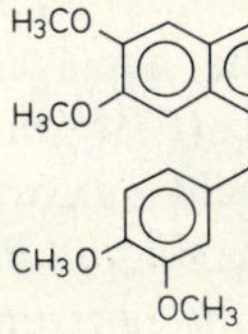
XXVII

chlorpromazine (XXIIa), promethazine (XXIIb), and imipramine, were *not* N-dealkylated when anaerobically incubated with rat cecal contents. However, intestinal aerobic or facultative anaerobes may be of greater importance in the N-dealkylation of foreign organic compounds and this area of investigation merits further study.

3-O-Methyldopa. The 3-*O*-methyl ether of *L*-dopa (XXIII) has been clinically evaluated as an *L*-dopa prodrug for the treatment of parkinsonism (50, 51). When studied in rats, conversion of XXIII to *L*-dopa by intestinal microorganisms was shown to occur (52, 53). However, in man XXIII is not excreted in the bile; thus, doubt has been raised as to its clinical utility (50).

Smith and Griffiths (49) reported that simple methoxylated benzenoid compounds such as 3,4-dimethoxycinnamic acid (XXIV) and vanillin (XXV) are O-demethylated when anaerobically incubated with rat cecal contents. However, more complex compounds such as reserpine (XXVI) and papaverine (XXVII) were unaffected. Like N-dealkylation, O-dealkylations by intestinal microflora should be studied further.

Food Additives

Azo-dyes. Kirschman (54) reports that worldwide, from 7 to 22 synthetic dyes are approved for use in foods. Many of these compounds possess azo-linkages and *Daniel* (55) has noted that less than 10% of the monoazo compounds used as food dyes pass through the gastrointestinal tract without being metabolized, principally by microflora.

The reductive cleavage of azo-dyes has been the most extensively studied transformation of all reactions mediated by intestinal microflora. Much of the work in this area up to 1972 has been well reviewed by *Scheline* (15, 41) and *Walker* (56). In the last few years, the importance of intestinal microflora in the reduction of azo-dyes has been reaffirmed.

The products of reductive cleavage of azo-dyes are primary aromatic amines which may be absorbed from the gastrointestinal tract (55, 57, 58). Because many aromatic amines are toxic when absorbed, there has been considerable interest in this degradative pathway. Compounds such as Red 2G (XXVIII), Fast Red E (XXIX) and Amaranth (Red No. 2, XXX) are readily reduced to their appropriate aromatic amines when incubated with rat cecal contents and a variety of intestinal microorganisms (15, 41, 56, 59, 60). Interestingly, it has been found that the reactions are principally dependent upon the presence of reduced flavins (FMN and FAD). The anaerobic organisms may merely serve to provide sufficient quantities of these chemical reducing agents (61, 64). Because of this fact, *Walker and Ryan* (61) suggested that the rate of azo-reduction might be related to the electron density of the central azo function. If true, compound XXX should be reduced faster than its analog XXIX. However, in experiments with intact organisms (60), the reverse was found. This indicates that a partition-

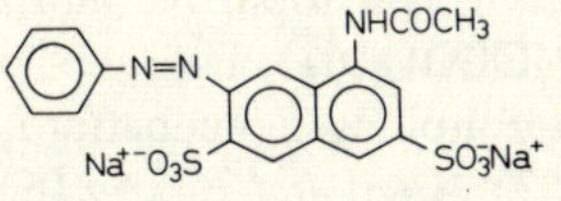

XXVIII

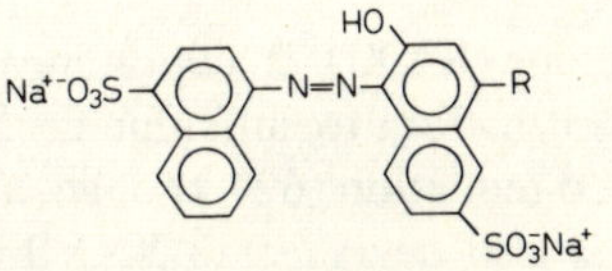

XXIX, R=H
XXX, $R=SO_3^-Na^+$

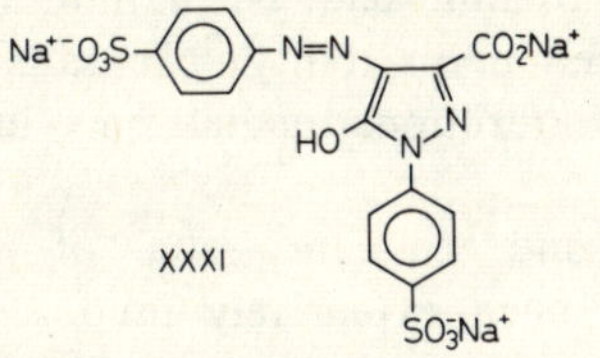

XXXI

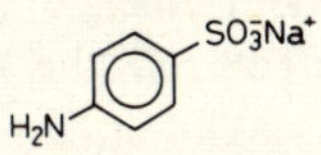

XXXII

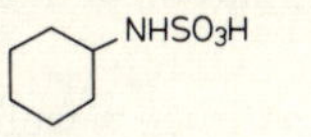

XXXIII

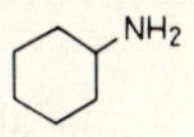

XXXIV

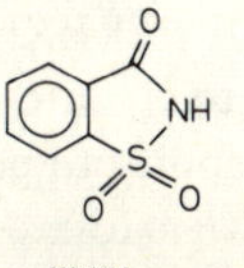

XXXV

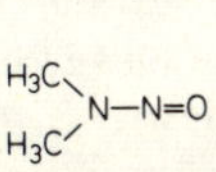

XXXVI

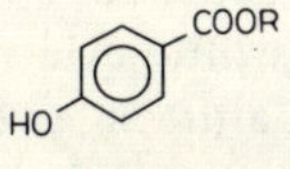

XXXVII
R=Alkyl group

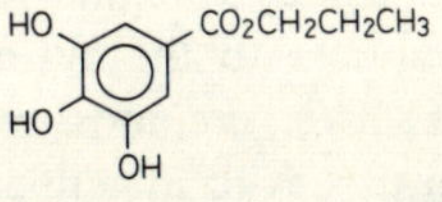

XXXVIII

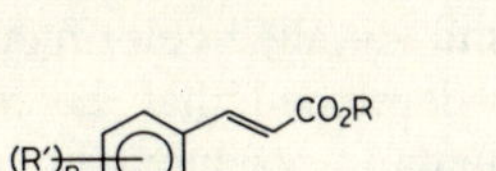

XXXIX
R =Alkyl group
R'=Alkoxy group

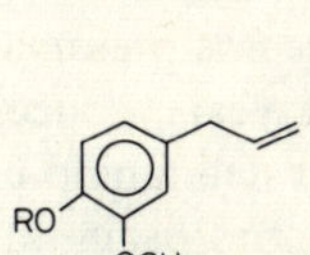

XL
R=Alkyl or acyl group

ing effect is rate-limiting (60) which may have important implications for *in vivo* situations.

Tartrazine (XXXI) is commonly used as a food dye and is converted by intestinal microflora to sulfanilic acid (XXXII) (61). The latter principally arises through azo-reduction (62); though, after prolonged incubations, the pyrazolone fragment is also degraded to XXXII (63). *Allan and Roxon* (65) have recently studied the degradation of XXXI by the facultative anaerobe, *Proteus vulgaris,* and found that, under certain conditions, bile salts significantly alter the rate of conversion of this compound to sulfanilic acid. The authors suggest that because of their possible influence on cell permeability, bile salts may exert similar rate-altering effects on the other reactions mediated by intestinal microflora (65).

Cyclamate. The sodium and calcium salts of cyclohexylsulfamic acid (XXXIII) (cyclamates) have been extensively used as such and in food products as non-nutritive sweeteners. In 1969, cyclamates were banned in the United States because a number of studies suggested that these compounds could be converted in rats to the bladder carcinogen, cyclohexylamine (XXXIV) (66–68).

While some of the above noted experiments were poorly designed (68), it now appears that cyclamates can unquestionably be hydrolyzed to XXXIV by gut microflora (15). Of further significance, cyclohexylamine formation can be induced by chronic ingestion of cyclamates (15, 69). In recent studies, *Bickel et al.* (69) noted that the conversion of XXXIII to XXXIV is probably mediated by Gram-negative anaerobes. Rats are found to fit into either 'converter' or 'non-converter' categories with respect to their ability to perform this reaction. Interestingly, 'non-converter' animals can be transformed into 'converter' rats by intragastric administration of feces from 'converter' rats (69). Induction of cyclamate hydrolysis in rats is an important observation. The general implications of this phenomenon should be further explored.

In contrast to the cyclamates, there is little evidence to suggest that saccharin (XXXV), the most widely utilized artificial sweetener, is metabolized (either in tissues or intestinal microorganisms) to any significant degree in man and most laboratory animals (70, 71).

Nitrite. Alkali metal salts of nitrous acid, sodium and potassium nitrite, are widely employed as preservatives and so-called color-fixatives in meat products (72). In recent years, concern has developed that dietary nitrite may interact with orally ingested amino compounds to produce carcinogenic N-nitrosamines in oral tissues and/or in the stomach (73–79). The reaction of nitrite and secondary amines such as dimethylamine to form the highly carcinogenic N-nitrosodimethylamine (XXXVI) is straightforward under acid conditions. However, it has recently been discovered that this reaction can also occur when intestinal microorganisms are incubated with secondary amines and nitrite *or* nitrate under neutral conditions (15, 80–83). The rate of formation of N-nitrosoamines is related to the basicity of the starting amine; being slowest with a strongly basic amine like dimethylamine and more rapid with a weakly basic amine such as diphenylamine. Interestingly, a reverse reaction, degradation of N-nitroso secondary amines to nitrite, the parent amine and unknown volatile products by *E. coli* and certain lactobacilli species has recently been reported (84).

Compounds such as N-nitrosodimethylamine are probably well absorbed if formed in the stomach or upper small intestine. Furthermore, *Hill and Hawksworth* (85) report that little, if any, orally administered nitrite or nitrate is found in the lower intestine of rats and human subjects, suggesting efficient absorption of these anions. However, more definitive studies are warranted to determine if intestinal microflora play any significant regulatory role in the formation and/or degradation of N-nitrosoamines.

Miscellaneous compounds. Various simple benzenoid compounds are employed as food additives (86). For example, *p*-hydroxybenzoates (XXXVII) are used as antimicrobial agents in foods (and drug products); *n*-propyl gallate (XXXVIII) is a commonly used antioxidant; numerous methoxylated benzenoid derivatives including cinnamates (XXXIX) and eugenol derivatives (XL) have been employed as flavoring agents to name a few. Compounds of the type noted are subject to decarboxylations, dehydroxylations, reductions (double bonds) and hydrolysis reactions by gastrointestinal microorganisms (15, 43, 87–92). An interesting aspect of these transformations is that metabolites are frequently generated that are less polar than the parent food additive and, thus, are more likely to be absorbed into the systemic circulation (2).

Systematic investigations of transformations of the above noted compounds by intestinal microorganisms and assessment of possible toxicological implications are worthwhile endeavors that have been principally performed by Prof. *Scheline* and his co-workers at the University of Bergen (15, 43, 87–92). Additional investigations are required to fully evaluate the possible consequences of the numerous benzenoid food additives (86) that are consumed daily be people throughout the world.

Summary

Microintestinal flora consist chiefly of anaerobic organisms with a certain small proportion of facultative anaerobic and aerobic species. These organisms tend to mediate mostly reductive-type transformations; however, hydrolyses and other as yet mechanistically unspecified reactions (e.g N- and O-dealkylations) have been observed. A review of transformations of selected drugs and food additives by intestinal microflora has been presented. In all instances, possible toxicological consequences of described microbial reactions have been highlighted.

References

1 *Parsons, D.S.:* in *Forth and Rummel* Pharmacology of intestinal absorption. Gastrointestinal absorption of drugs, vol. 1, pp. 71–170 (Pergamon Press, Oxford 1975).

2 *Kurz, H.:* in *Forth and Rummel* Pharmacology of intestinal absorption. Gastrointestinal absorption of drugs, vol. 1, pp. 245–291 (Pergamon Press, Oxford 1975).

3 *Remmer, H.:* in *Tuomisto and Paasonen* Mechanisms of toxicity and metabolism. Proc. 6th Int. Congr. of Pharmacology, vol. 6, pp. 67–75 (Pergamon Press, Oxford 1976).

4 *Gillette, J.R.; Conney, A.H.; Cosmides, G.J.; Estabrook, R.W.; Fouts, J.R., and Mannering, G.J.:* Microsomes and drug oxidations (Academic Press, New York 1969).

5 *Estabrook, R.W.; Gillette, J.R., and Liebman, K.C.:* Microsomes and drug oxidations (Williams & Wilkins, Baltimore 1972).

6 *Hayaishi, O.:* Molecular mechanisms of oxygen activation (Academic Press, New York 1974).

7 *Smith, R.V. and Rosazza, J.P.:* Microbial models of mammalian metabolism. J. pharm. Sci. *64:* 1737–1759 (1975).

8 *Gibson, D.T.; Mahadevan, V.; Jerina, D.M.; Yagi, H., and Yeh, H.J.C.:* Oxidation of the carcinogens benzo[a]pyene and benzo[a]anthracene to dihydrodiols by a bacterium. Science *189:* 295–297 (1975).

9 *Smith, R.L.:* The biliary excretion and enterohepatic circulation of drugs and other organic compounds. Prog. Drug Res. *9:* 299–360 (1966).

10a *Millburn, P.; Smith, R.L., and Williams, R.T.:* Biliary excretion of foreign compounds. Biochem. J. *105:* 1275–1281 (1967).

10b *Hughes, R.D.; Millburn, P., and Williams, R.T.:* Molecular weight as a factor in the excretion of monoquaternary ammonium cations in the bile of the rat, rabbit and guinea pig. Biochem. J. *136:* 967–978 (1973).

11 *Hirom, P.C.; Millburn, P., and Smith, R.L.:* Bile and urine as complementary pathways for the excretion of foreign organic compounds. Xenobiotica *6:* 55–64 (1976).

12 *Smith, R.L. and Millburn, P.:* in *Tuomisto and Paasonen* Mechanisms of toxicity and metabolism. Proc. 6th Int. Congr. of Pharmacology, vol. 6, pp. 77–88 (Pergamon Press, Oxford 1976).

13 *Holdeman, L.V.; Good, I.J., and Moore, W.E.C.:* Human fecal flora: variation in bacterial composition within individuals and a possible effect of emotional stress. Appl. environ. Microbiol. *31:* 359–375 (1976).

14 *Moore, W.E.C. and Holdeman, L.V.:* Human fecal flora: the normal flora of 20 Japanese-Hawaiians. Appl. Microbiol. *27:* 961–979 (1974).

15 *Scheline, R.R.:* Metabolism of foreign compounds by gastrointestinal microorganisms. Pharmacol. Rev. *25:* 451–523 (1973).

16 *Gorbach, S.L.:* Intestinal microflora. Gastroenterology *60:* 1110–1129 (1971).

17 *Smith, H.W.:* Observations on the flora of the alimentary tract of animals and factors affecting its composition. J path. Bact. *89:* 95–122 (1965).

18 *Finegold, S.M.:* Interaction of antimicrobial therapy and intestinal flora. Am. J. clin. Nutr. *23:* 1466–1471 (1970).

19 *Gingell, R.; Bridges, J.W., and Williams, R.T.:* Gut flora and metabolism of prontosils in the rat. Biochem. J. *114:* 5P–6P (1969).

20 *Goldman, P.:* Therapeutic implications of the intestinal microflora. New Engl. J. Med. *289:* 623–628 (1973).

21 *Peppercorn, M.A. and Goldman, P.:* The role of intestinal bacteria in the metabolism of salicylazosulfapyridine. J. Pharmac. exp. Ther. *181:* 555–562 (1972).

22 *Peppercorn, M.A. and Goldman, P.:* Distribution studies of salicylazosulfapyridine and its metabolites. Gastroenterology *64:* 240–245 (1973).

23 *Schroder, H. and Johansson, A.K.:* Redox potential in caecal contents of the rat and azo reduction of salicycl-azo-sulphapyridine. Xenobiotica *3:* 233–246 (1973).

24 *Sinsheimer, J.E. and Smith, R.V.:* 4,4'-Dihydroxybibenzyl, a reduction metabolite of *trans*-stilbene. J. pharm. Sci. *57:* 713–714 (1968).

25 *Sinsheimer, J.E. and Smith, R.V.:* Metabolic hydroxylations of *trans*-stilbene. Biochem. J. *111:* 35–41 (1969).

26 *Scheline, R.R.:* Polyhydroxylated metabolites of *trans*-stilbene in the rat. Experientia *30:* 880–881 (1974).

27 *Tay, L.K. and Sinsheimer, J.E.:* Intestinal bacterial reduction of 4,4'-dihydroxystilbene to 4,4'-dihydroxybibenzyl. J. pharm. Sci. *64:* 471–472 (1975).

28 *Tay, L.K. and Sinsheimer, J.E.:* Metabolism of *trans*-stilbene in rabbits and rats. Drug Metab. Disposit. *4:* 154–163 (1976).

29 *Clark, A.G.; Fischer, L.J.; Millburn, P.; Smith, R.L., and Williams, R.T.:* The role of gut flora in the enterohepatic circulation of stilboestrol in the rat. Biochem. J. *112:* 17P–18P (1969).

30 *Fischer, L.J.; Millburn, P.; Smith, R.L., and Williams, R.T.:* The fate of [^{14}C] stilboestrol in the rat. Biochem. J. *100:* 69P (1966).

31 *Fischer, L.J.; Kent, T.H., and Weissinger, J.S.:* Absorption of diethylstilbestrol and its glucuronide conjugate from the intestines of five- and twenty-five-day-old rats. J. Pharmac. exp. Ther. *185:* 163–170 (1973).

32 *Metzler, M.:* Metabolic activation of diethylstilbestrol: indirect evidence for the formation of a stilbene oxide intermediate in hamster and rat. Biochem. Pharmacol. *24:* 1449–1453 (1975).

33 *Solmsson, U.V.:* Synthetic estrogens and the relation between their structure and their activity. Chem. Rev. *37:* 481–598 (1945).

34 *Glazko, A.J.; Dill, W.A., and Wolf, L.M.:* Observations on the metabolic disposition of chloramphenicol (chloromycetin) in the rat. J. Pharmac. exp. Ther. *104:* 453–458 (1952).

35 *Kunin, C.M.; Glazko, A.J., and Finland, M.:* Persistance of antibiotics in blood of patients with acute renal failure. II. Chloramphenicol and its metabolic products in the blood of patients with severe renal disease or hepatic cirrhosis. J. clin. Invest. *38:* 1498–1508 (1959).

36 *Zachariah, P.K. and Juchau, M.R.:* The role of gut flora in the reduction of aromatic nitro-groups. Drug Metab. Disposit. *21:* 74–78 (1974).

37 *Wheeler, L.A.; Soderberg, F.B., and Goldman, P.:* The relationship between nitro group reduction and the intestinal microflora. J. Pharmac. exp. Ther. *194:* 135–144 (1975).

38 *Reddy, B.G.; Pohl, L.R., and Krishna, G.:* The requirement of the gut flora in nitrobenzene-induced methemoglobinemia in rats. Biochem. Pharmacol. *25:* 1119–1122 (1976).

39 *Weinstein, L.:* in *Goodman and Gilman* The pharmacological basis of therapeutics; 4th ed., pp. 1269–1274 (Macmillan, New York 1970).

40 *Sandler, M.; Goodwin, B.L.; Ruthven, C.R.J., and Calne, D.B.:* Therapeutic implications in parkinsonism of *m*-tyramine formation from *L*-dopa in man. Nature, Lond. *229:* 414–415 (1971).

41 *Sandler, M.; Karoum, F.; Ruthven, C.R.J., and Calne, D.B.:* *m*-Hydroxyphenylacetic acid formation from *L*-dopa in man: suppresion by neomycin. Science *166:* 1417–1418 (1969).

42 *Goldin, B.R.; Peppercorn, M.A., and Goldman, P.:* Contributions of host and intestinal

microflora in the metabolism of *L*-dopa in the rat. J. Pharmac. exp. Ther. *186:* 160–166 (1973).

43 *Scheline, R.R.:* Drug metabolism by intestinal microorganisms. J. pharm. Sci. *57:* 2021–2037 (1968).

44 *Harmon, R.E.; Meisinger, M.A.P.; Davis, G.E., and Kuehl, jr., F.A.:* The metabolites of indomethacin, a new anti-inflammatory drug. J. Pharmac. exp. Ther. *143:* 215–220 (1964).

45 *Hucker, H.B.; Zacchei, A.G.; Cox, S.V.; Brodie, D.A., and Cantwell, N.H.R.:* Studies on the absorption, distribution and excretion of indomethacin in various species. J. Pharmac. exp. Ther. *153:* 237–249 (1966).

46 *Yesair, D.W.; Callahan, M.; Remington, L., and Kensler, C.J.:* Role of the enterohepatic cycle of indomethacin on its metabolism, distribution in tissues and its excretion by rats, dogs and monkeys. Biochem. Pharmacol. *19:* 1579–1590 (1970).

47 *Caldwell, J. and Hawksworth, G.M.:* The demethylation of methamphetamine by intestinal microflora. J. Pharm. Pharmacol. *25:* 422–424 (1973).

48 *Minder, R.; Schnetzer, F., and Bickel, M.H.:* Hepatic and extrahepatic metabolism of the psychotropic drugs, chlorpromazine, imipramine and imipramine-*N*-oxide. Arch. Pharmakol. *268:* 334–347 (1971).

49 *Smith, G.E. and Griffiths, L.A.:* Metabolism of N-acylated and O-alkylated drugs by the intestinal microflora during anaerobic incubation *in vitro.* Xenobiotica *4:* 477–487 (1974).

50 *Calne, D.B.; Reid, J.L., and Vakil, S.D.:* Parkinsonism treated with 3-*O*-methyldopa. Clin. Pharmac. Ther. *14:* 386–389 (1973).

51 *Kuruma, I.; Bartholini, G.; Tissot, R., and Pletscher, A.:* The metabolism of *L*-3-*O*-methyldopa, a precursor of dopa in man. Clin. Pharmac. Ther. *12:* 678–682 (1971).

52 *Chalmers, J.P.; Davies, D.S.; Draffan, G.H.; Reid, J.L., and Thorgeirsson, S.S.:* Demethylation of 3-*O*-methyldopa. Br. J. Pharmacol. *43:* 455P–456P (1971).

53 *Chalmers, J.P.; Draffan, G.H.; Reid, J.L.; Thorgeirsson, S.S., and Davies, D.S.:* Demethylation of 3-*O*-methyldopa in the rat. Life Sci. *10:* 1243–1251 (1971).

54 *Kirschman, J.C.:* in *Tuomisto and Paasonen* Mechanisms of toxicology and metabolism. Proc. 6th Int. Congr. of Pharmacology, vol. 6, pp. 147–160 (Pergamon Press, Oxford 1976).

55 *Daniel, J.W.:* The excretion and metabolism of edible food colors. Toxic. appl. Pharmac. *4:* 572–594 (1962).

56 *Walker, R.:* The metabolism of azo compounds. A review of the literature. Food Cosmet. Toxicol. *8:* 659–676 (1970).

57 *Radomski, J.L. and Mellinger, T.J.:* The absorption, fate and excretion in rats of the water-soluble dyes, FD&C No. 2, FD&C red No. 4 and FD&C yellow No. 6. J. Pharmac. exp. Ther. *136:* 259–266 (1962).

58 *Scheline, R.R. and Longberg, B.:* The absorption, metabolism and excretion of the sulphonated azo dye, acid yellow, by rats. Acta pharmac. tox. *23:* 1–14 (1965).

59 *Gingell, R.:* Substrate nonspecificity of *Streptococcus faecalis* azoreductase. Xenobiotica *3:* 165–169 (1973).

60 *Larsen, J.C.; Meyer, T., and Scheline, R.R.:* Reduction of sulphonated water-soluble azo dyes by caecal microorganisms from the rat. Acta pharmac. tox. *38:* 353–357 (1976).

61 *Walker, R. and Ryan, A.J.:* Some molecular parameters influencing rate of reduction of azo compounds by intestinal microflora. Xenobiotica *1:* 483–486 (1971).

62 *Roxon, J.J.; Ryan, A.J., and Wright, S.E.:* Reduction of tartrazine by a proteus species isolated from rats. Food Cosmet. Toxicol. *4:* 419–426 (1966).

63 *Roxon, J.J.; Ryan, A.J.; Welling, P.G., and Wright, S.E.:* Origin of urinary sulphanilic acid from tartrazine. Food Cosmet. Toxicol. *5:* 447–449 (1967).

64 *Gingell, R. and Walker, R.:* Mechanisms of azo reduction by *Streptococcus faecalis.* II. The role of soluble flavins. Xenobiotica *1:* 231–239 (1971).

65 *Allan, R.J. and Roxon, J.J.:* Metabolism by intestinal bacteria: the effect of bile salts on tartrazine azo reduction. Xenobiotica *4:* 637–643 (1974).

66 *Kojima, S. and Ichibagase, H.:* Studies on synthetic sweetening agents. VIII. Cyclohexylamine, a metabolite of sodium cyclamate. Chem. pharm. Bull., Tokyo *14:* 971–974 (1966).

67 *Price, J.M.; Biava, C.G.; Oser, B.L.; Vogin, E.E.; Steinfeld, J., and Ley, H.L.:* Bladder tumors in rats fed cyclohexylamine or high doses of a mixture of cyclamate and saccharin. Science *167:* 1131–1132 (1970).

68 *Coon, J.M.:* in *Tuomisto and Paasonen* Mechanisms of toxicity and metabolism. Proc. 6th Int. Congr. of Pharmacology, vol. 6, pp. 117–126 (Pergamon Press, Oxford 1976).

69 *Bickel, M.H.; Burkard, B.; Meier-Strasser, E., and Broek-Boot, M. van den:* Enterobacterial formation of cyclohexylamine in rats ingesting cyclamate. Xenobiotica *4:* 425–439 (1974).

70 *Byard, J.L. and Goldberg, L.:* The metabolism of saccharin in laboratory animals. Food Cosmet. Toxicol. *11:* 391–402 (1973).

71 *Byard, J.L.; McChesney, E.W.; Goldberg, L., and Coulston, F.:* Excretion and metabolism of saccharin in man. II. Studies with ^{14}C-labelled and unlabelled saccharin. Food Cosmet. Toxicol. *12:* 175–184 (1974).

72 *Chichester, D.F. and Tanner, F.W., jr.:* in *Furia* Handbook of food additives; 2nd ed., pp. 150–155 (CRC Press, Cleveland 1972).

73 *Lijinsky, W. and Epstein, S.S.:* Nitrosamines as environmental carcinogens. Nature, Lond. *225:* 21–23 (1970).

74 *Magee, P.N.:* Toxicity of nitrosamines: their possible human health hazards. Food Cosmet. Toxicol. *9:* 207–218 (1971).

75 *Wolff, I.A. and Wasserman, A.E.:* Nitrates, nitrites, and nitrosamines. Science *177:* 15–19 (1972).

76 *Tannenbaum, S.R.; Sinskey, A.J.; Weisman, M., and Bishop, W.:* Nitrite in human saliva. Its possible relationship to nitrosamine formation. J. natn. Cancer Inst. *53:* 79–84 (1974).

77 *Mirvish, S.S.:* Formation of N-nitroso compounds: chemistry, kinetics, and *in vivo* occurrence. Toxic. appl. Pharmac. *31:* 325–351 (1975).

78 *Rao, G.S. and Krishna, G.:* Drug-nitrite interactions: formation of N-nitroso, C-nitroso, and nitro compounds from sodium nitrite and various drugs under physiological conditions. J. pharm. Sci. *64:* 1579–1581 (1975).

79 *White, J.W., jr.:* Relative significance of dietary sources of nitrate and nitrite. J. Agric. Food Chem. *23:* 886–891 (1975).

80 *Hawksworth, G.M. and Hill, M.J.:* Bacteria and the N-nitrosation of secondary amines. Br. J. Cancer *25:* 520–526 (1971).

81 *Klubes, P. and Jondorf, W.R.:* Dimethylnitrosamine formation from sodium nitrite and dimethylamine by bacterial flora of rat intestine. Res. Commun. chem. Path. Pharmacol. *2:* 24–34 (1971).

82 *Sander, J.:* Nitrosaminsynthese durch Bakterien. Hoppe-Seyler's Z. physiol. Chem. *349:* 429–432 (1968).

83 *Ayanaba, A. and Alexander, M.:* Microbial formation of nitrosamines *in vitro.* Appl. Microbiol. *25:* 862–868 (1973).

84 *Rowland, I.R. and Grasso, P.:* Degradation of N-nitrosamines by intestinal bacteria. Appl. Microbiol. *29:* 7–12 (1975).

85 *Hill, M.J. and Hawksworth, G.:* in *Bogorski and Walker* N-Nitroso compounds in the environment, pp. 220–222 (WHO, Lyon 1974).

86 *Furia, T.E.:* Handbook of food additives; 2nd ed. (CRC Press, Cleveland 1972).

87 *Meyer, T. and Scheline, R.R.:* 3,4,5-Trimethoxycinnamic acid and related compounds. I. Metabolism by the rat intestinal microflora. Xenobiotica *2:* 383–390 (1972).

88 *Meyer, T. and Scheline, R.R.:* 3,4,5-Trimethoxycinnamic acid and related compounds. II. Metabolism in the rat. Xenobiotica *2:* 391–398 (1972).

89 *Scheline, R.R.:* The metabolism of some aromatic aldehydes and alcohols by the rat intestinal microflora. Xenobiotica *2:* 227–236 (1972).

90 *Solheim, E. and Scheline, R.R.:* Metabolism of alkylbenzene derivatives in the rat. II. Eugenol and isoeugenol methyl ethers. Xenobiotica *6:* 137–150 (1976).

91 *Soleim, H.A. and Scheline, R.R.:* Metabolism of xenobiotics by strains of intestinal bacteria. Acta pharmac. tox. *31:* 471–480 (1972).

92 *Scheline, R.R.:* Toxicological problems of drug combinations. Proc. 13th Meet. of the European Society for the Study of Drug Toxicity, pp. 35–43 (Excerpta Medica, Amsterdam 1972).

R. V. Smith PhD, Drug Dynamics Institute, College of Pharmacy, University of Texas at Austin, *Austin, TX 78712* (USA)

Wld Rev. Nutr. Diet., vol. 29, pp. 77–95 (Karger, Basel 1978)

Transformations métaboliques qui conditionnent les effets biologiques des nutriments et des toxiques

Paul Lechat

Faculté de Médecine de Paris-Lariboisière-Saint-Louis, Paris

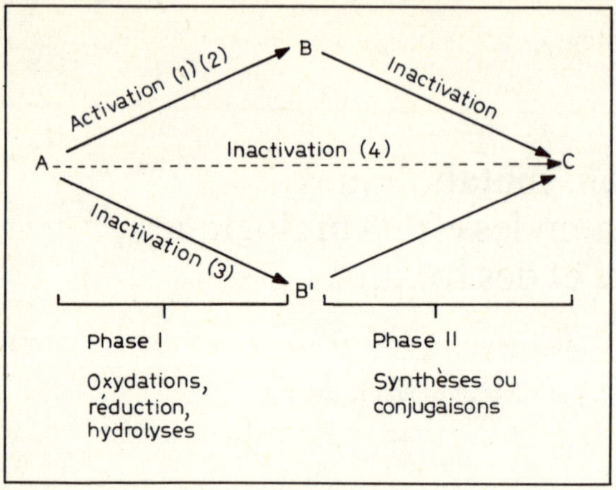

Fig. 1.

Lorsque *Liebreich* expliquait en 1869 que l'activité hypnotique du chloral était due à sa transformation dans l'organisme en chloroforme, il se trompait sur un fait, mais il avait raison sur un principe. On peut dire en effet qu'il posait déjà le problème très moderne de l'activation métabolique, c'est-à-dire de la formation *in vivo,* à partir d'une substance donnée, d'un dérivé doué d'activités supérieures ou différentes, responsable d'effets bénéfiques ou toxiques. Les modalités de ce processus ont fait l'objet d'investigations remarquables de la part des biochimistes, et ses conséquences intéressent aussi bien les nutritionnistes que les toxicologues: les unes et les autres vont être brièvement évoquées dans ce rapport.

Processus général

Il n'est pas inutile de rappeler d'abord le schéma classique proposé par *Williams* (20), l'un des pionniers de l'étude des biotransformations (fig. 1). Une substance A introduite dans l'organisme, va s'y transformer en une substance C qui constitue sa forme d'élimination, en suivant l'une ou l'autre des quatre voies principales suivantes:

1re voie: activation de type I. A est un composé *inactif,* transformé au cours d'une première phase en un composé *actif* B par une réaction d'oxydation, de réduction ou d'hydrolyse. Au cours d'une seconde phase, le composé B peut être conjugué pour donner naissance au produit inactif C.

2e voie: activation de type II. A est un composé biologiquement *actif,* qui est transformé au cours d'une première phase en un composé B, dont l'activité

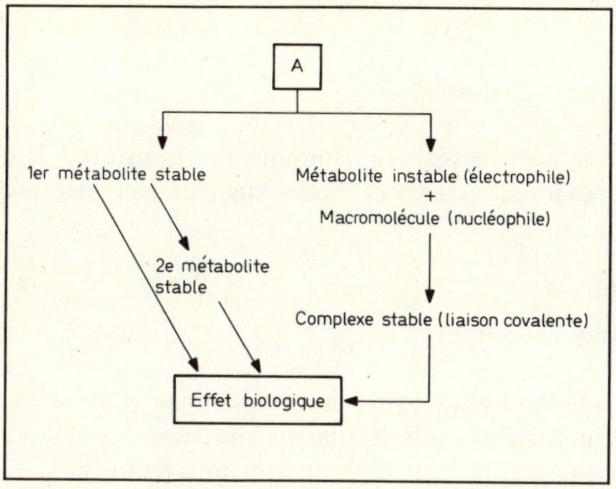

Fig. 2. Les voies générales suivies par une substance étrangère A introduite dans l'organisme et aboutissant à un métabolite biologiquement actif dont l'effet peut être bénéfique ou toxique.

peut être qualitativement semblable, mais plus ou moins forte, ou différente. Comme dans la première voie, B peut être ensuite conjugué au cours d'une seconde phase pour former le dérivé C *inactif.*

3e voie: inactivation. A est un composé biologiquement *actif,* transformé en métabolite *inactif* B', à l'inverse de ce qui se passe dans la première voie. Par des mécanismes de conjugaison, qui se déroulent dans une seconde phase, B' va être transformé en C.

4e voie: inactivation par conjugaison et élimination directes. A est un composé, *actif ou inactif,* qui est directement conjugué par des réactions de phase II pour former le métabolite inactif C.

Nous nous intéresserons ici uniquement aux réactions qui aboutissent à une *activation* des produits étrangers, laissant de côté celles qui les transforment en substances biologiquement inertes, ainsi que celles qui ne servent qu'à mettre les métabolites B sous une forme facile à éliminer de l'organisme (glycuro-, sulfoconjugués, etc.).

Les métabolites actifs formés sont généralement *stables,* mais on s'intéresse beaucoup aujourd'hui à ceux qui ne le sont pas et, de ce fait, se montrent très toxiques en raison de leur haute réactivité chimique leur permettant de dénaturer certaines macromolécules de l'organisme (protéines, acides ribo- et désoxyribo-nucléiques en particulier), et d'exercer alors des effets biologiques redoutables. Les métabolites stables peuvent, de leur côté, subir parfois une seconde biotransformation, et le deuxième métabolite formé peut être doué de toxicité ou d'activité différente de celles du premier; ces diverses possibilités se trouvent schématisées dans la figure 2.

Caractères des biotransformations

Biotransformations non enzymatiques

Dans quelques cas seulement, la réaction chimique qui transforme le composé exogène n'a pas besoin de catalyseur biologique, et sa cinétique est semblable à celle qui aurait lieu *in vitro.*

Biotransformations enzymatiques

Le plus souvent, les nombreux systèmes enzymatiques présents dans l'organisme interviennent pour faciliter considérablement les transformations des substances qui lui sont étrangères. Ils sont répartis dans tous les organes, et si le foie et l'intestin en sont particulièrement riches, d'autres en sont également pourvus et sont capables à ce titre d'opérer de nombreuses réactions, qu'il s'agisse du sang, du rein, du poumon, du cerveau, des surrénales. Chez les femelles gestantes, il ne faut pas oublier que le placenta est riche en systèmes enzymatiques et que le fœtus en possède également qui, bien qu'en partie immatures, peuvent jouer en certain rôle.

La variété des enzymes présents (oxydases, estérases, réductases, etc.) explique que le nombre des réactions qu'ils rendent possibles *in vivo* est quasi illimité et qu'aucun substrat ne peut totalement échapper à leur attaque. Aux enzymes présents en permanence dans les tissus et organes, il faut ajouter ceux qui se trouvent dans les micro-organismes hébergés par les êtres vivants, spécialement ceux de leur tube digestif, variables en nombre et en qualité, et responsables de biotransformations qui peuvent elles aussi être redoutables pour l'hôte (voir à ce sujet la monographie de *Scheline,* 16).

Réactions en jeu et leurs conséquences

Oxydations catalysées par les microsomes hépatiques

Mueller et Miller (15) constatèrent les premiers que la fraction microsomale d'un homogénat de foie catalyse la transformation des colorants azoïques, soit par réduction du groupement -N=N-, soit par N-déméthylation oxydative, ces réactions mettant en jeu le nicotinamide-adénine dinucléotide phosphate (NADP), le nicotinamide-adénine dinucléotide (NAD) et l'oxygène moléculaire. Par la suite, *Brodie et al.* (1) étendirent cette observation en montrant que les microsomes hépatiques jouent un grand rôle dans la transformation de nombreux composés étrangers introduits dans l'organisme. La réaction d'hydroxyla-

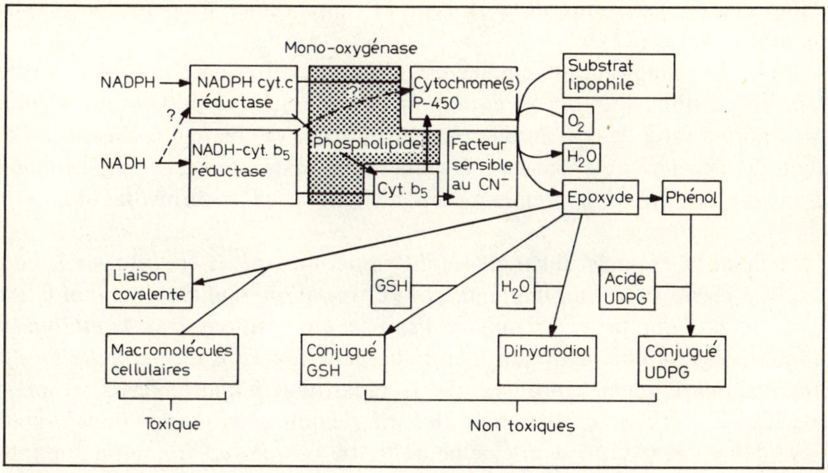

Fig. 3.

tion est celle qui a suscité les plus nombreuses recherches. Pour l'essentiel, elle consiste en un transfert de deux électrons avec scission de la liaison oxygène-oxygène, si bien qu'un atome est fixé sur le substrat et l'autre est réduit en eau. Cependant, son mécanisme est loin d'être élucidé.

Le schéma simplifié en est le suivant, dans lequel A représente le cytochrome P-450, hémoprotéine qui oscille entre sa forme réduite AH_2 et sa forme oxydée A.

1) $NADPH + A + H^+ \rightarrow AH_2 + NADP^+$
2) $AH_2 + O_2 \rightarrow 2(O_2^-)$ (oxygène actif)
3) $2(O_2^-)$ + substance → substance oxydée + A + H_2O

$NADPH + O_2$ + substance + $H^+ \rightarrow NADP + H_2O$ + substance oxydée

La figure 3, empruntée à *Gielen et al.* (8) traduit les conceptions actuelles de l'ensemble du processus d'oxydation biologique d'un substrat lipophile.

De très nombreux types de réactions oxydatives sont catalysés par les systèmes enzymatiques des microsomes et nous allons en voir quelques exemples.

Hydroxylation des composés aromatiques

L'hydroxylation aromatique, qui consiste dans le remplacement d'un atome d'hydrogène d'un cycle par un groupe -OH, a lieu chez tous les animaux étudiés jusqu'ici: insectes, poissons, oiseaux, reptiles et mammifères. Cependant, il existe d'importantes variations dans le type et l'importance de cette hydroxylation selon les espèces (21).

Le plus simple des exemples est l'hydroxylation de l'aniline, qui peut se faire en position *o*- et *p*-; or, le rapport des quantités respectives *p/o* retrouvées dans l'urine varie de 0,4 chez le chat et 0,5 chez le chien, à 6 chez le rat et 10 chez le hamster. Cela conduit à admettre l'existence d'une *o*-hydroxylase et d'une *p*-hydroxylase, la première prépondérante chez les carnivores et la seconde chez les rongeurs.

Un autre exemple illustrant les différences d'espèces est celui de la coumarine. Ce dérivé subit en général une 7-hydroxylation, sauf chez le rat et la souris. Ainsi le rat, qui peut hydroxyler l'aniline en positions 2 et 4, est incapable d'hydroxyler la coumarine en 7, mais il peut toutefois l'hydroxyler en 3. Ces observations tendent à prouver que la répartition d'hydroxylases aromatiques spécifiques dans les espèces animales est aléatoire, et que les transformations d'un dérivé aromatique donné ne peuvent être prévues *a priori,* mais doivent être étudiées individuellement, espèce par espèce.

De nombreuses réactions d'hydroxylation impliquent d'abord la formation d'époxydes, ce qui explique l'apparition de dérivés dihydroxylés parmi les métabolites de diverses substances aromatiques.

La production d'époxydes est considérée souvent comme potentiellement dangereuse, car ces dérivés instables peuvent déclencher des effets biologiques néfastes: allergies, nécroses, mutations, cancérisation. Cependant, leur toxicité dépend de nombreux facteurs: quantité formée par unité de temps, stabilité chimique, vitesse d'inactivation par d'autres voies métaboliques.

L'exemple du bromobenzène, dont l'époxyde est responsable de nécrose hépatique centrolobulaire est instructif à cet égard, comme l'ont souligné *Mitchell et Jollow* (13). Selon le schéma de la figure 4, on voit que ce carbure halogéné est d'abord transformé en bromobenzène-3,4-époxyde sous l'influence d'une époxyde-synthétase microsomale. Selon la concentration atteinte à l'état d'équilibre, cet époxyde subit soit un réarrangement non enzymatique en *p*-bromophénol, soit une hydratation sous l'influence d'une époxyde-hydrase qui le transforme en bromophényl-dihydrodiol-3,4, soit une conjugaison avec le glutathion grâce à une glutathion-S-époxyde-transférase qui conduit finalement à l'acide bromophényl-mercapturique. Normalement, le bromobenzène-3,4-époxyde se conjugue avec le glutathion, mais si ce dernier fait défaut, la concentration en époxyde libre augmente et la quantité de *p*-bromophénol s'accroît parallèlement. Chez le rat normal, l'activité de l'époxyde-hydrase est faible et de peu d'importance pour la détoxification de l'époxyde, des quantités insignifiantes de diol et de dihydroxy-3,4-bromobenzène étant formées même si la concentration en glutathion est faible. Chez des rats prétraités par le phénobarbital, les biotransformations du bromobenzène sont accrues de cinq fois, ce qui prouve l'induction de l'époxyde-synthétase hépatique; bien que le phénobarbital stimule

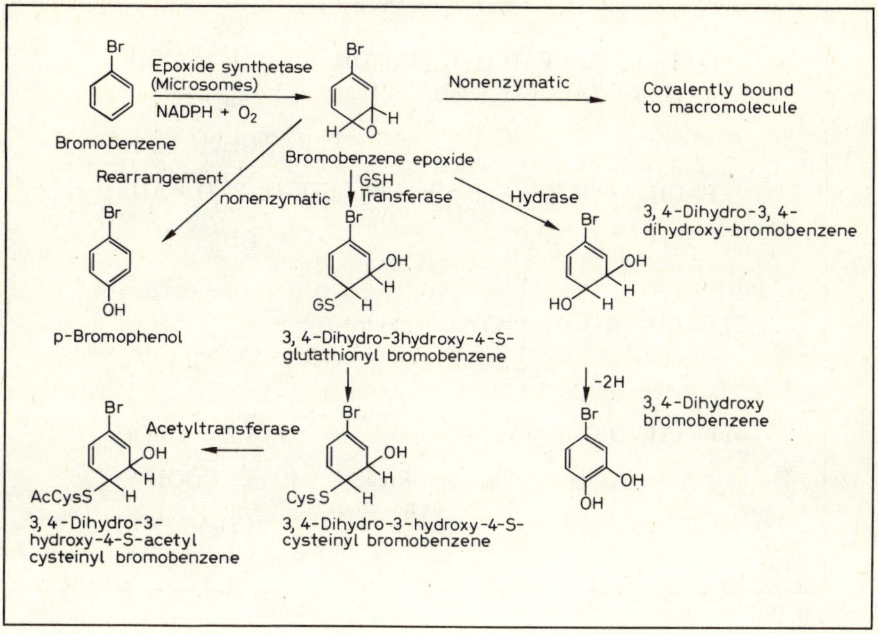

Fig. 4.

également l'époxyde-hydrase, l'augmentation d'activité de celle-ci ne peut effacer l'augmentation de la synthèse de l'époxyde du bromobenzène.

La plupart des époxydes sont instables et représentent des composés électrophiles hautement réactifs se fixant par des liaisons covalentes aux macromolécules biologiques (ADN, ARN, protéines); quelques-uns toutefois sont stables, et peuvent constituer les métabolites d'excrétion non toxiques de certains médicaments tels que la carbamazépine et la cyproheptadine (6, 7).

Les carbures polycycliques sont transformés par les enzymes des microsomes en époxydes cancérogènes: c'est le cas du benzopyrène, du benzo- et du dibenzo-anthracène, etc. L'aflatoxine B_1 fournit un aflatoxine-2,3'-époxyde cancérogène et nécrogène hépatique; la noréthistérone, un époxyde responsable de choléstase hépatique.

Le paracétamol devrait l'effet nécrogène hépatique qu'il manifeste à très forte dose à sa transformation en dérivé N-hydroxylé. L'hépatotoxicité de l'isoniazide chez certains sujets serait, pour *Mitchell et al.* (14) la conséquence d'un processus en deux étapes: rapide acétylation d'abord, puis oxydation de l'acétylisoniazide en métabolite instable (dérivé de l'hydrazine); le foie est ici à la fois le site des biotransformations et la cible de l'action toxique (nécrose).

1) $F(CH_2)_n{-}X \rightarrow F{-}(CH_2)_{n-1}CH_2OH \rightarrow F{-}CH_2{-}COOH$
$X{=}H, Br, {-}OH, {-}CH_3, {-}SH, {-}NH_2$ etc.

2) $F{-}CH_2{-}COOH + ATP \rightarrow F{-}CH_2{-}CO{-}O{-}P(OH)_2{=}O + ADP$

3) $F{-}CH_2{-}CO{-}O{-}P(OH)_2{=}O + \text{Coenzyme A} \longrightarrow F{-}CH_2{-}CO{-}S{-}CoA + P$

4) $F{-}CH_2{-}CO{-}S{-}CoA + \xrightarrow[\text{Cycle de Krebs oxaloacétate}]{} \underset{\text{Fluorocitrate}}{F{-}CH_2{-}C(OH)(COOH){-}CH_2{-}COOH}$

Fig. 5.

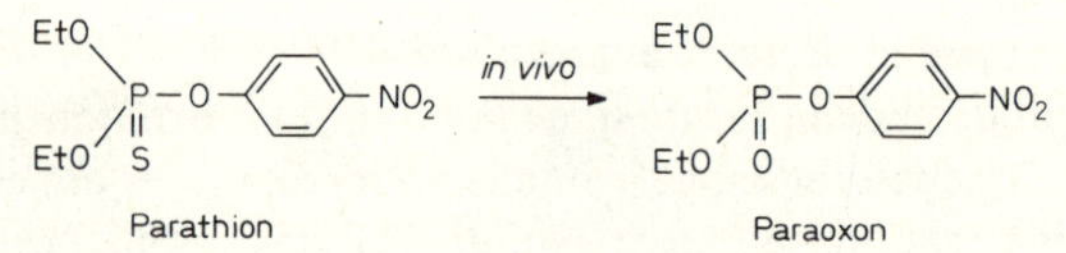

Fig. 6.

Oxydation de composés aliphatiques

Les composés organofluorés fournissent un exemple frappant d'activation métabolique toxique. Il subissent en effet *in vivo* une oxydation analogue à celle des acides gras, mais qui conduit à l'acide fluoroacétique très toxique, parce qu'il est rapidement transformé lui-même en acide fluorocitrique, puissant inhibiteur de l'aconitase, enzyme indispensable au cycle de Krebs. La longueur de la chaîne carbonée de ces composés du type $F\ (CH_2)_n - X$ et son caractère linéaire ou ramifié, influent seulement sur la vitesse plus ou moins grande avec laquelle ils sont transformés en acide fluoroacétique. La séquence des réactions est présentée dans la figure 5.

Le sulfure de carbone et certains composés possédant un groupement allyl dans leur molécule (allylisopropylacétamide, sécobarbital), sont particulièrement intéressants, en ce sens qu'ils donnent très probablement naissance à un époxyde qui détruit le cytochrome P-450 hépatique, c'est-à-dire qu'ici le métabolite détruit l'enzyme même qui a contribué à sa formation (4).

Désalcoylation

Les dérivés O- et N-alcoylés peuvent la subir. La N-déméthylation des analgésiques morphiniques a été particulièrement étudiée chez les mammifères. Dans le cas de la morphine, elle aboutit à la nor-morphine, et on a proposé d'expliquer la tolérance du rat à la morphine par une diminution progressive des capacités de son tissu cérébral à déméthyler la morphine.

Désulfuration oxydative

Dans le cas des insecticides phosphorothionates, l'échange de S pour O constitue un stade important du processus d'activation. Cette réaction a lieu chez les mammifères, les poissons, les insectes et les végétaux. La figure 6 illustre le cas du parathion.

Oxydations non catalysées par le système des microsomes hépatiques

Les enzymes en jeu sont ici localisés dans les microsomes d'autres organes (poumons, moelle osseuse, etc.) ou dans les mitochondries de diverses cellules (surrénales).

L'avant-dernier chaînon méthylénique d'une chaîne carbonée saturée peut de la sorte donner naissance à un alcool secondaire. Quant aux alcools, ils sont transformés en acides correspondants: ainsi l'éthylène-glycol est métabolisé chez les mammifères en acide oxalique, mais cette transformation est une voie mineure dont l'importance dépend de la dose et de l'espèce, ce qui explique la toxicité différente de ce glycol, croissante du lapin, au rat et au chat; son danger chez l'homme a été tragiquement démontré par son emploi comme solvant dans l'élixir de sulfanilamide responsable de la mort d'une centaine d'enfants aux Etats-Unis en 1938.

Les nutritionnistes savent que le β-carotène, pigment jaune présent dans certains végétaux, est une provitamine A. Dans l'organisme, une molécule de β-carotène fournit, après coupure de la chaîne insaturée à 18 atomes de carbones et oxydation en alcool primaire, deux molécules de rétinol; à son tour, ce dernier est transformé en aldéhyde (rétinal) puis en acide rétinoïque, et enfin en métabolite inconnu qui serait la véritable vitamine A.

Hydroxylations successives catalysées par des enzymes différents

Ce cas est bien illustré par l'exemple du cholécalciférol. Il n'a été reconnu que récemment, grâce en particulier aux travaux de *De Luca* et de *Kodicek* que la vitamine D_3 ou cholécalciférol, devait subir plusieurs transformations dans l'organisme pour devenir biologiquement active. La figure 7 montre la suite probable des réactions en jeu.

Le premier stade se passe dans le foie, et consiste en une hydroxylation de la chaîne latérale, produisant l'hydroxy-25-cholécalciférol (HO-25 D_3); le système enzymatique qui la catalyse paraît différent de celui que renferme le cytochrome P-450. Après passage dans le sang, où il se lie à une globuline, le HO-25 D_3 subit dans le rein une seconde hydroxylation, catalysée par des enzymes mitochondriales, aboutissant à la dihydroxy-1,25 D_3, $(HO)_2$-1,25 D_3, qui est considérée aujourd'hui comme la forme biologiquement active de la vitamine, responsable de la résorption au calcium osseux. L'importance de la synthèse de $(HO)_2$-1,25 D_3 dans le rein est réglée par la concentration du plasma en calcium. S'il y a hypocalcémie, la formation de $(HO)_2$-1,25 D_3 est prépondérante, tandis que si la calcémie est normale, il y a en même temps formation d'$(HO)_2$-24,25 D_3, moins active. Mais le rein peut transformer ce dernier en un dérivé trihydroxylé, l'$(HO)_3$-1,24,25 D_3, qui mobilise peu le calcium osseux, mais augmente beaucoup le transport intestinal du calcium.

Réductions

Réduction de groupes nitro

De nombreuses nitroréductases se trouvent dans les fractions microsomales et solubles d'homogénats hépatiques, et aussi dans le rein. Leur activité est maximale en l'absence d'oxygène, et requiert le $FADH_2$. Les composés aromatiques nitrés sont ainsi facilement réduits en amines correspondantes: nitrobenzène en aniline, par exemple.

Les micro-organismes du rumen réduisent le $-NO_2$ du parathion en $-NH_2$ correspondant, ce qui expliquerait la non toxicité relative de ce pesticide lorsqu'il est ingéré par les vaches.

Réduction de groupes azo

Les dérivés azoïques R-N=N-R fournissent quelques-uns des colorants synthétiques les plus courants ajoutés aux aliments et aux boissons. L'importance biologique de leur réduction dans l'organisme est illustrée par un exemple historique fameux en chimiothérapie. Peu après l'introduction en thérapeutique du Prontosil, colorant azoïque rouge, actif sur les infections à pneumocoques et streptocoques, il fut démontré en effet en 1935, à l'Institut Pasteur de Paris, par

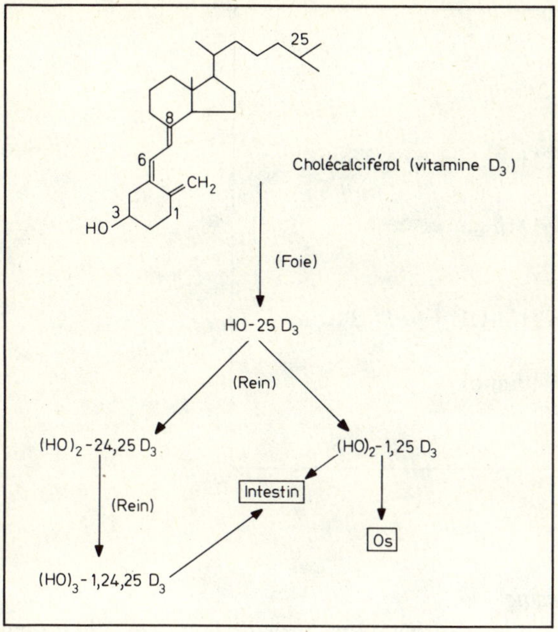

Fig. 7.

Tréfouël et al. (18), qu'il doit son activité à sa réduction *in vivo* aboutissant à la formation de sulfanilamide.

L'azoréductase se trouve dans le foie et le rein; son activité, maximale en l'absence d'oxygène, exige la présence de NADPH. Les bactéries intestinales peuvent elles aussi réduire les groupements azo: chez le rat, la flore intestinale scinde la salicylazosulfapyridine en acide amino-5-salicylique + sulfapyridine, les deux pouvant être absorbés et subir des biotransformations contrairement à la substance-mère. Les rats "germ-free" sont incapables de transformer ce produit, qui se retrouve inchangé dans leurs fécès.

Réduction de l'acide folique

La réduction de l'acide folique ou ptéroylglutamique (Pte Glu) en acide tétrahydro-folique est assurée chez l'homme par un "folate réductase"; cet enzyme catalyse les deux réactions suivantes, mais la seconde plus intensivement que la première, ce qui lui vaut le nom courant de dihydrofolate-réductase:

$$\text{Pte Glu} + 2\ \text{NADPH} + 2\ \text{H}^+ \leftrightarrow \text{H}_4\ \text{Pte Glu} + 2\ \text{NADP}^+,$$
$$7\text{–}8\ \text{H}_2\ \text{Pte Glu} + \text{NADPH} + \text{H}^+ \rightarrow \text{H}_4\ \text{Pte Glu} + \text{NADP}^+.$$

Cette NAD(PP) oxydoréductase se rencontre dans le foie, le rein, la moelle osseuse, la muqueuse gastrique et les leucocytes.

Cycasine

$$CH_3{-}\overset{\overset{O}{\uparrow}}{N}{=}N{-}CH_2{-}O{-}\beta{-}D\text{-glucose}$$

$$\downarrow + H_2O\ (\beta\text{-glucosidase})$$

$$CH_3{-}\overset{\overset{O}{\uparrow}}{N}{=}N{-}CH_2{-}OH + \beta{-}D\text{-glucose}$$

Méthylazoxyméthanol

Fig. 8.

Protection de l'organisme

Une réaction de réduction peut conduire, dans certains cas, à la protection de l'organisme vis-à-vis d'un métabolite toxique. Il semble en aller ainsi avec le N-hydroxy-4-acétylaminobiphényle, carcinogène formé par hydroxylation, et qui peut être retransformé en 4-acétylaminobiphényle sous l'influence d'enzymes présents dans le foie, le rein, le cerveau et surtout dans la flore intestinale du rat (19).

Hydrolyse

Dans presque tous les tissus, on rencontre des estérases et des amidases capables de scinder respectivement les liaisons ester et amide; c'est le cas du foie en particulier, mais aussi du plasma, qui renferme une pseudocholinestérase.

Ces enzymes peuvent séparer le groupement N-acétyl-terminal de certaines protéines, selon le schéma:

$CH_3{-}CO{-}NH{-}\text{peptide} \rightarrow CH_3{-}CO{-}S{-}\text{coenzyme A} + \text{peptide}$.

Les bactéries intestinales accomplissent elles aussi des hydrolyses aboutissant parfois à des composés toxiques. A partir de l'amygdaloside, β-gentiobioside du mandélonitrile, il se forme par exemple de l'acide cyanhydrique.

Le cyclamate, considéré longtemps comme stable, peut se transformer dans l'organisme en cyclohexylamine, comme l'ont démontré *Kojima et Ichibagase*

(10). La preuve de la responsabilité des micro-organismes intestinaux dans cette hydrolyse a été apportée par différentes expériences *in vivo* et *in vitro* (diminution de la quantité de cyclohexylamine formée chez des rats prétraités par des antibiotiques, formation de cyclohexylamine à partir du cyclamate après incubation avec des bactéries intestinales).

La substance qui a sans doute suscité la plus grande curiosité en ce domaine est la cycasine, hétéroside présent dans certains végétaux tropicaux et subtropicaux utilisés en alimentation. Administrée *per os* à des rats normaux, la cycasine provoque des tumeurs hépatiques, rénales et intestinales; rien de tel ne se produit après son administration par voie péritonéale. Si on la fait ingérer par des rats "germ-free", elle est également atoxique, mais si on contamine ces rats "germ-free" avec des bactéries plus ou moins riches en β-glucosidase, ils subissent alors une intoxication dont la gravité est proportionnelle à l'activité β-glucosidasique de la souche bactérienne. Cet ensemble de données prouve que les bactéries intestinales sont responsables de l'hydrolyse de la cycasine et de l'intoxication par l'aglycone libérée, qui est le méthylazoxyméthanol (fig. 8). Ce dernier, administré *per os,* possède effectivement la toxicité caractéristique de la cycasine.

Acétylation

En général, l'acétylation des amines conduit à des dérivés moins toxiques, biologiquement inactifs. Dans certains cas cependant, l'inverse se produit, et l'on peut citer en exemple certains dérivés sulfamidés dont les dérivés acétylés sont plus toxiques qu'eux-mêmes en raison de leur très faible solubilité dans l'eau, qui entraîne leur cristallisation dans les tubules rénaux (sulfadiazine, sulfamérazine, sulfathiazole).

Formation d'ammoniums quaternaires

Une amine tertiaire peut, dans l'organisme, fournir un ammonium quaternaire, en général difficilement résorbé, mais qui dans certains cas peut se montrer néanmoins toxique. La pyridine se transforme ainsi en N-méthylpyridinium, six fois plus toxique qu'elle-même chez la souris.

Décarboxylation

Par perte de CO_2, les acides aminés sont transformés en amines correspondantes, certaines étant utiles, d'autres nuisibles – du moins lorsqu'elles sont en

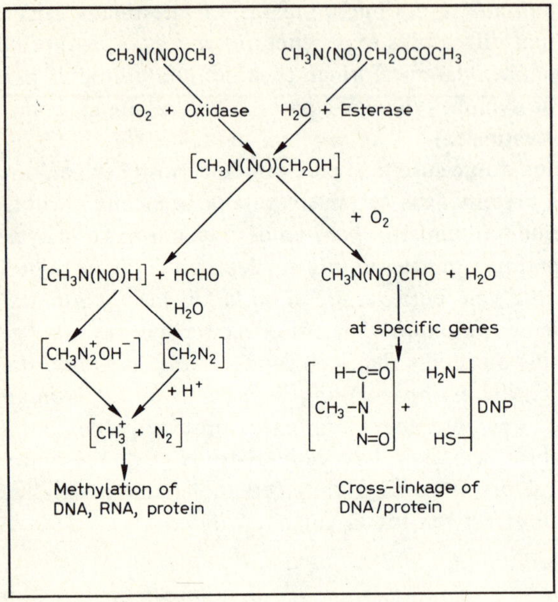

Fig. 9.

excès – pour l'organisme (cas de la tyramine formée à partir de la tyrosine). Les décarboxylases capables d'activer la réaction se trouvent dans la muqueuse intestinale, et aussi dans les bactéries intestinales. On a soutenu que les amines ainsi formées pouvaient inhiber la croissance des animaux, d'où l'idée d'administrer à ceux-ci des antibiotiques pour limiter la flore intestinale, et par là même l'importance de la décarboxylation (12).

Formation de radicaux libres

L'alloxane, qui est une quinone, est réduit *in vivo* en acide dialurique, lequel en réagissant avec l'oxygène, donne lieu à la formation de trois entités hautement réactives: le peroxyde d'hydrogène H_2O_2, le radical peroxyde ($O_2^{\overline{\cdot}}$) et le radical hydroxyl ($^{\bullet}OH$). Selon *Heikkila et al.* (9), ce dernier serait le responsable de la destruction des cellules du pancréas, c'est-à-dire de l'effet diabétogène de l'alloxane.

Le rôle possible du radical peroxyde ($O_2^{\overline{\cdot}}$) dans les réactions d'hydroxylation catalysées par le cytochrome P-450 des microsomes hépatiques a été envisagé par *Coon et al.* (2), qui se fondent en particulier sur le fait que ces réactions sont inhibées par la peroxyde-dismutase.

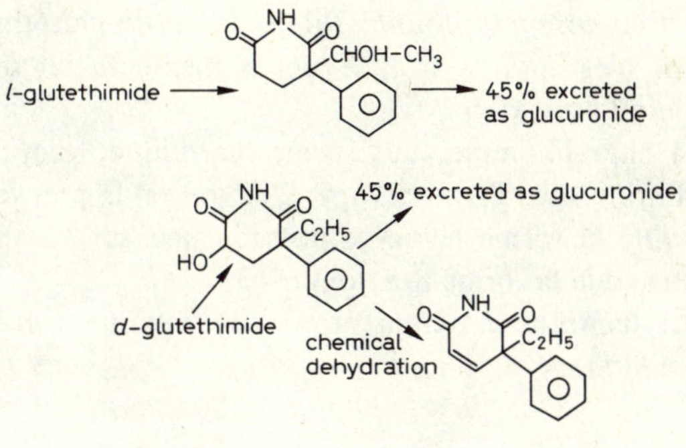

Fig. 10.

Biotransformations non enzymatiques suivies de biotransformations enzymatiques

Les composés N-nitroso sont redoutés en raison de leur activité carcinogène, mutagène et tératogène. Or, il est démontré que les amines secondaires et les nitrites réagissent en milieu acide pour donner naissance à des nitrosamines. Une telle condition se rencontre dans l'estomac des mammifères où les aliments peuvent apporter simultanément ces deux éléments (11). Dans l'intestin, des entérobactéries sont capables de réduire les nitrates en nitrites qui, en réagissant avec la diméthylamine, forment la diméthylnitrosamine; or, la diméthylamine est présente dans certains aliments, surtout les poissons, et peut être produite de façon endogène par déméthylation tissulaire de la triméthylamine, elle-même formée à partir de la choline par la flore intestinale.

Toutefois, les dialcoyl-nitrosamines doivent elles-mêmes subir des biotransformations, catalysées cette fois par des enzymes, pour devenir toxiques. Les mécanismes moléculaires par lesquels de tels composés exercent une action cancérogène et mutagène ont fait l'objet de nombreuses recherches, et la conception actuelle fait intervenir la formation de métabolites oxydés; *Fahmy et Fahmy* (5) expliquent que la N-α-acétoxyméthyl-N-méthylnitrosamine est plus cytotoxique que la diméthylnitrosamine par la formation plus facile du métabolite actif commun à ces deux dérivés, à partir de la première (par simple hydrolyse) qu'à partir de la seconde (oxydation); ils ont présenté un schéma des voies métaboliques possibles suivies (fig. 9).

Remarque sur la stéréospécificité de certaines biotransformations

L'organisme est capable d'effectuer des transformations différentes selon le stéréo-isomère d'un composé donné. Tel est le cas du glutéthimide, médicament hypnotique, qui n'est pas hydroxylé de la même façon selon qu'il s'agit de l'isomère gauche ou droit (fig. 10).

Administré chez l'homme sous forme racémique, le cyclophosphamide est retrouvé dans l'urine sous forme lévogyre, ce qui est la preuve d'un métabolisme stéréo-sélectif. Or, la forme lévogyre possède une action antitumorale expérimentale plus forte que la forme dextrogyre (3).

Enfin, l'éthylbenzène est transformé spécifiquement *in vivo* en acide mandélique lévogyre (17).

Conclusion

L'activation métabolique subie par certaines substances étrangères à l'organisme peut avoir pour ce dernier des conséquences heureuses dans la mesure où lui sont fournis ainsi des éléments indispensables à son équilibre, comme certaines vitamines. Dans certains cas, ce même processus peut au contraire se montrer dangereux, car il aboutit à la formation de dérivés capables d'altérer les macromolécules biologiques fondamentales et d'entraîner ainsi des effets toxiques. Au cours des 30 dernières années, de nombreuses données nouvelles ont été accumulées sur les mécanismes moléculaires impliqués dans ces biotransformations. Le développement prodigieux des techniques d'identification des métabolites et des systèmes enzymatiques qui en catalysent la formation a permis de faire en ce domaine des progrès dont l'importance est considérable pour la nutrition, la toxicologie et la pharmacologie.

Summary

The metabolic activation can be defined as an *in vivo* formation from a given foreign substance of a more effective derivative responsible for benefic or toxic effects. Such an activation can have positive consequences for the living system inasmuch as this process brings some materials such as vitamins that are vital to its equilibrium. On the contrary, the same process can be dangerous in some cases since it generates derivatives capable of denaturing the basic biological macromolecules thus inducing the genesis of toxic compounds. Over the last 30 years, many new data have enlarged our knowledge of the molecular mechanisms that are involved in the biotransformations. The tremendous development of analytical techniques identifying the metabolites and enzymatic systems which catalyze their formation led to very important progress for nutrition, toxicology and pharmacology. In most cases, the active metabolites are chemically stable, but interest is now growing for those which are unstable and highly reactive so that they can particularly denature proteins, DNA and RNA. As concerns stable metabolites, they can sometimes undergo another biotransformation leading to a second metabolite which can show differences in toxicity and activity when compared to the first.

In a few cases, the chemical reaction that transforms the foreign compound does not need any biologic catalyzer and its kinetics are identical to those which would occur *in vitro.* In most cases, the large number of enzymatic systems which are present in the organism greatly accelerate the transformation of all foreign substances. They are distributed in all organs, especially in the liver and gut; they are also present in many other systems such as blood, kidney, lung, brain, adrenal glands, etc. In pregnant females, placenta contains many enzymatic systems; in the fetus they are partly immature, but can play a certain role.

The large range of enzymes (oxidases, esterases, reductases, etc.) present in living systems explains that the number of reactions they induce *in vivo* is almost unlimited and that no substrate can totally escape their action. In addition to the enzymes permanently located in tissues and organs, those present in the micro-organisms of living beings, especially those of their digestive tract must also be considered; they vary in number and quality and are responsible for biotransformations which can also be dangerous to their host.

Some typical reactions and their consequences.

(1) Hydroxylation of aromatic compounds: this reaction often implies the initial formation of epoxides, unstable derivatives which can induce harmful effects (allergic reactions, necrosis, mutations, carcinogenesis). Some compounds have been particularly studied: bromobenzene, polycyclic compounds (dibenzanthracene, benzopyrene), aflatoxin B_1, etc.

(2) Oxidation of aliphatic compounds: organofluoride compounds are transformed *in vivo* into highly toxic fluoroacetic acid.

(3) Oxidations which are not catalyzed through the hepatic microsomal system: the responsible enzymes are located in the microsomes of lungs, bone marrow or in mitochondria of adrenals. Some compounds undergo their action: alcohols and diols, β-caroten (which leads to vitamine A).

(4) Reduction: it can apply to nitro groups which are fixed on aromatic compounds, to azoic derivatives, etc. A historical example is given be the azo dye sulfachrysoidin which acts only through its metabolite sulfanilamide.

(5) Hydrolysis: it is performed by esterases and amidases. A special mention must be made concerning the role of intestinal micro-organisms in this field: they are responsible for the biotransformation of cyclamate into cyclohexylamine, of cycasine into methylazoxymethanol, both metabolites being highly toxic.

(6) Other types of reactions: acetylation, decarboxylation, formation of quaternary ammonium compounds. Special attention is now given to the formation of free radicals such as hydroxyl and superoxide, both being chemically extremely reactive.

Finally, it must be stated that the living organism is able to perform different transformations according to the stereostructure of a given compound: typical examples are glutethimide, ethylbenzene and cyclophosphamide.

Bibliographie

1 *Brodie, B.B.; Axelrod, J.; Cooper, J.R.; Gaudette, L.; La Du, B.N.; Mitoma, C., and Udenfriend, S.:* Detoxication of drugs and other foreign compounds by liver microsomes. Science *121:* 603–604 (1955).

2 *Coon, M.J.; Strobel, H.W., and Boyer, R.F.:* On the mechanism of hydroxylation reactions catalyzed by cytochrome P-450. Drug Metab. Disposit. *1:* 92–97 (1973).

3 *Cox, P.J.; Farmer, P.B.; Jarman, M.; Jones, M.; Stec, W.J., and Kinas, R.:* Observations on the differential metabolism and biological activity of the optical isomers of cyclophosphamide. Biochem. Pharmac. *25:* 993–996 (1976).

4 *De Matteis, F.:* Drug-induced destruction of cytochrome P-450. Drug Metab. Disposit. *1:* 267–272 (1973).

5 *Fahmy, O.G. and Fahmy, M.J.:* Genetic properties of N-α-acetoxymethyl-N-methylnitrosamine in relation to the metabolic activation of N,N-dimethylnitrosamine. Cancer Res. *35:* 3780–3785 (1975).

6 *Frigerio, A.; Fanelli, R.; Biandrate, P.; Passerini, G.; Morselli, P.L., and Garattini, S.:* Mass-spectrometric characterization of carbamazepine-10,11-epoxide, a carbamazepine metabolite isolated from human urine. J. pharm. Sci. *61:* 1144–1147 (1972).

7 *Frigerio, A.; Sossi, N.; Belvedere, G.; Pantarotto, C., and Garattini, S.:* Identification of desmethylcyproheptadine-10,11-epoxide and other cyproheptadine metabolites isolated from rat urine. J. pharm. Sci. *63:* 1536 (1974).

8 *Gielen, J.; Heusghem, C. et Neubert, D.:* Régulation biochimique et génétique du mécanisme de l'induction enzymatique; dans Mises au point de pharmacologie biochimique (Masson, Paris 1976, à paraître).

9 *Heikkila, R.E.; Winston, B.; Cohen, G., and Barden, H.:* Alloxan-induced diabetes. Evidence for hydroxyl radical as a cytotoxic intermediate. Biochem. Pharmac. *25:* 1085–1092 (1976).

10 *Kojima, S. and Ichibagase, H.:* Studies on synthetic sweetening agents. VIII. Cyclohexylamine, a metabolite of sodium cyclamate. Chem. pharm. Bull., Tokyo *14:* 971–974 (1966).

11 *Lijinsky, W.; Keefer, L.; Conrad, E., and van de Bogart, R.:* Nitrosation of tertiary amines and some biologic implications. J. natn. Cancer Inst. *49:* 1239–1249 (1972).

12 *Melnykowycz, J. and Johansson, K.R.:* Formation of amines by intestinal microorganisms and the influence of chlortetracycline. J. exp. Med. *101:* 507–517 (1955).

13 *Mitchell, J.R. and Jollow, D.J.:* Metabolic activation of drugs to toxic substances. Gastroenterology *68:* 392–410 (1975).

14 *Mitchell, J.R.; Thorgeirsson, U.P.; Black, M.; Timbrell, J.A.; Snodgrass, W.R.; Potter, W.Z.; Jollow, D.J., and Keiser, H.R.:* Increased incidence of isoniazid hepatitis in rapid acetylators: possible relation to hydrazine metabolites. Clin. Pharmac. Ther. *18:* 70–79 (1975).

15 *Mueller, G.C. and Miller, J.A.:* The metabolism of methylated aminoazo dyes. II. Oxidative demethylation by rat liver homogenates. J. biol. Chem. *202:* 579–587 (1953).
16 *Scheline, R.R.:* Metabolism of foreign compounds by gastro-intestinal microorganisms. Pharmac. Rev. *25:* 451–523 (1973).
17 *Sullivan, H.R.; Miller, W.M., and McMahon, R.E.:* Reaction pathways of *in vivo* stereoselective conversion of ethylbenzene to (–) mandelic acid. Xenobiotica *6:* 49–55 (1976).
18 *Trefouël, J.; Trefouël, M.T.; Nitti, F. et Bovet, D.:* Activité du *p*-aminophénylsulfamide sur les infections streptococciques expérimentales de la Souris et du Lapin. C.r. Séanc. Soc. Biol. *120:* 756–758 (1935).
19 *Wheeler, L.A.; Soderberg, F.B., and Goldman, P.:* The reduction of N-hydroxy-4-acetylamino biphenyl by the intestinal microflora of the rat. Cancer Res. *35:* 2962–2968 (1975).
20 *Williams, R.T.:* Detoxification mechanisms. The metabolism and detoxification of drugs, toxic substances and other organic compounds; 2nd ed. (Wiley, New York 1959).
21 *Williams, R.T.:* Comparative patterns of drug metabolism. Fed. Proc. Fed. Am. Socs exp. Biol. *26:* 1029–1039 (1967).

Prof. *P. Lechat,* Faculté de Médecine de Paris-Lariboisière-Saint-Louis, 21, rue de l'Ecole de Médecine, *F–75006 Paris* (France)

Wld Rev. Nutr. Diet., vol. 29, pp. 96–114 (Karger, Basel 1978)

The Effects of Nutrition and Enzyme Induction in Toxicology

Dennis V. Parke

Department of Biochemistry, University of Surrey, Guildford, Surrey

Introduction

It is now well known that the activities of the hepatic microsomal drug-metabolising enzymes may be affected by nutritional status and, conversely, that extensive or prolonged metabolism of drugs and foreign chemicals may make high nutritional demands which may result in the manifestation of certain dietary deficiencies.

Effects of nutritional status on drug metabolism. Deficiency in dietary protein has been shown to result in lower concentrations of hepatic cytochrome P-450 impairment of the hepatic microsomal mixed-function oxidases (1) resulting in increased toxicity of those drugs and chemicals, such as strychnine, which are detoxicated by these enzymes, but to decreased toxicity of those substances, such as carbon tetrachloride (2) and endosulphan (3), which are activated by metabolism. In a study of the effects of dietary protein on the neonatal development of the hepatic drug-metabolising enzymes in the rat, it was found that feeding a protein-deficient from the time of weaning resulted in reduction of liver weight, total microsomal protein and cytochrome P-450, but that these were partly compensated for by increases in the specific activities of the cytochrome and of the mixed-function oxidase, microsomal nitro-reductase and UDP glucuronyl transferase (4). It is suggested that this adaptive response is mediated through increased levels of corticosteroids (4).

Hepatic drug metabolism is also affected by reduction of total dietary calories. Starvation for 72 h reduced the metabolic hydroxylation of barbiturates in the male rat but increased metabolism in the female (5). The authors attribute the sex-dependent effect of starvation to the influence of the androgenic hormones on the microsomal mixed function oxidases. In weanling rats, underfeeding results in a slower rate of liver growth compared to the increase in total body weight, but the specific activities of a number of microsomal drug-metabolising enzymes were not decreased (6).

Dietary deficiencies of certain metals are also known to affect the metabolism of drugs. Weanling rats maintained on a calcium-free diet for 40 days were found to have depressed activities of the hepatic drug-metabolising enzymes (7), and dietary deficiencies of zinc or magnesium have been shown to decrease hepatic cytochrome P-450 content and a number of microsomal mixed function oxidases in the rat (8, 9).

The metabolism of drugs is also dependent on dietary lipid; it is decreased in rats fed a fat-free diet for 3 weeks (10), and also shows changes dependent on the composition of the dietary lipids (11). This is not surprising considering that phosphatidyl-choline has been shown to be an essential component of the hepatic microsomal mixed-function oxidase enzyme system which greatly affects the binding of the substrates to the terminal cytochrome P-450 (12).

Among other essential dietary constituents that may be expected to affect drug metabolism are the vitamins. A requirement for ascorbic acid for the integrity of the hepatic microsomal mixed-function oxidase system has been implicated by many workers (13–15), but it would appear that only severe ascorbate deficiency ($>$ 70% depletion) results in impairment of these enzymes (16). This decrease in the hydroxylases is accompanied by a reduction in the microsomal content of cytochrome P-450 and by an atypical type II substrate-cytochrome P-450 binding spectrum, which may be indicative of change in the structural stability of the microsomal phospholipid membrane (16).

As flavoproteins are components of the hepatic microsomal electron transport system concerned in the hydroxylation of drugs, it would be expected that flavin deficiency would impair drug metabolism. Dietary riboflavin deficiency is indeed associated with decreases in microsomal NADPH-cytochrome *c* reductase, azo reductase and benzo(a)pyrene hydroxylase, but it has no effect on microsomal cytochrome P-450 concentration (17).

Vitamin A also has effects and vitamin A-deficient rats exhibit lower levels of liver cytochrome P-450 and, as a consequence, drug-metabolising enzyme activity is impaired (18).

Vitamin E deficiency has also been shown to lower the concentration of the microsomal haemoproteins, cytochrome P-450 and cytochrome b_5, and consequently to impair the microsomal hydroxylation of drugs (19). Administration of α-tocopherol to rats increases drug hydroxylation, but this increase is prevented by actinomycin D. It would appear, therefore, that α-tocopherol is concerned in the synthesis of the cytochrome P-450 enzyme complex, and deficiency of vitamin E has been shown to decrease the activities of 5-aminolaevulinate synthetase and 5-aminolaevulinate dehydratase, enzymes concerned in the biosynthesis of haeme. However, although more recent studies have confirmed the impaired hydroxylation activity, they have found no evidence of impaired haemoprotein synthesis (20).

Effects of drugs on nutritional status. The administration of drugs may also affect the nutritional status of the patient or experimental animal. Orally administered antibiotics may inhibit the β-glucuronidase of gastrointestinal microflora and consequently impair the enterohepatic recirculation of biliary excreted drugs detoxicated by glucuronide conjugation. As an example, the anti-tubercular drug rifampicin impairs the enterohepatic recirculation of the synthetic oestrogens mestranol and ethynyloestradiol, and consequently decreases their biological half-lives and their oral contraceptive protection (21).

Many drugs and foreign chemicals, especially on repeated high dosage, stimulate the activities of the drug-metabolising enzymes, by increasing the rate of synthesis of the enzyme proteins. This induction of the microsomal enzymes lead to more rapid deactivation and excretion of drugs, necessitating higher dosage to produce the same pharmacological effect. Induction may involve the enzymes of the glucuronate pathway and give rise to increased synthesis and increased urinary excretion of ascorbate in rats and of *D*-glucarate in man. Induction of the hepatic microsomal mixed-function oxidases may also give rise to certain changes in basal metabolism, and in man has been associated with an increased rate of deactivation of the vitamin D hormone, 1,25-dihydroxycholecalciferol, resulting in osteomalacia (22, 23) and has possibly led to increased demands for folate, resulting in megaloblastosis and fetal abnormalities (24).

The active form of the vitamin folic acid, namely tetrahydrofolate, is the coenzyme responsible for one-carbon transfer in the synthesis of purines, pyrimidines, DNA and other essential components for protein and tissue synthesis, and deficiency is known to result in megaloblastosis. For some 20 years, it has been known that prolonged administration of anticonvulsant drugs may be associated with megaloblastosis and subsequent studies have shown that low serum and erythrocyte folate levels, and occasionally overt megaloblastic anaemia, may be observed in patients on long-term anticonvulsant therapy (25,

26). However, the mechanism(s) of the adverse side-effects of these drugs has not been clearly elucidated. *Hoffbrand and Necheles* (27) have suggested that diphenylhydantoin decreases folate absorption by inhibition of intestinal γ-glutamyl carboxypeptidase (conjugase), the enzyme which converts dietary polyglutamyl folate into the more readily assimilable monoglutamyl folate. Although other workers (28) failed to confirm this, a more recent study (29) has shown that diphenylhydantoin significantly decreases folate absorption in man. The optimum pH for activity of the intestinal conjugase is 4.6 and at alkaline pH values the enzyme is inactivated; moreover, the absorption of folate, a weak acid, is favoured by low pH values. Diphenylhydantoin is alkaline in aqueous solution, and the alkaline intestinal pH of chronic users of diphenylhydantoin, and the inhibition of folate absorption by the administration of bicarbonate, have been demonstrated (30). Decreased serum folate transport, resulting from the displacement of folate from carrier protein by drugs, has also been postulated (31). However, a more recent hypothesis, proposed by *Maxwell et al.* (24), suggests that the enzyme induction resulting from repeated administration of anti-convulsant drugs results in increased demand for folate which, in the absence of adequate dietary intake of the vitamin, results in a progressive deficiency and consequent megaloblastosis. It would appear, therefore, that folate absorption may be impaired, that folate requirements may be increased and, in the presence of limited dietary intake of the vitamin as might occur in institutionalised patients, this would eventually lead to depletion of folate reserves and clinical signs of deficiency. The slow, progressive state of this vitamin deficiency would be a predictable characteristic of this toxic drug effect.

In a series of extended studies of the effects of nutrition on drug metabolism and, conversely, the effects of prolonged drug administration on the nutritional status of the patient, we have recently turned our attention to vitamins (32). Some interesting changes were observed in the requirements and metabolism of ascorbic acid and folic acid, particularly with respect to the phenomenon of hepatic enzyme induction, and these are now described.

Experimental

Patients. All patients were long-term cases at Brookwood Psychiatric Hospital, Surrey, who had received the following specific drug treatment: (a) *anticonvulsants* – diphenylhydantoin and phenobarbitone, alone or in association with primidone or diazepam; (b) *phenothiazines* – thioridazine or chlorpromazine, or (c) *tricyclics* – imipramine or amitryptyline, and the diazepines, nitrazepam or diazepam. Fasting blood samples were taken by venepuncture and haematological parameters and serum and erythrocyte folate concentrations were determined. Urine was collected for 24 h for *D*-glucarate determination, and for 9 h following administration of histidine hydrochloride (15 g) for the determination of formiminoglutamic acid (FIGLU).

Animals. Duncan-Hartley male guinea pigs (200–300 g body weight), housed individually, were fed an ascorbate-free diet (33) supplemented by the minimum amount of ascorbic acid (10 mg/kg/day, orally) these animals required for steady, normal weight gain, water was provided *ad libitum*. Animals were randomly divided into two groups; one group received oral prednisone (7 mg/kg/day in propylene glycol, 5% w/v), the other received the propylene glycol vehicle. Alternatively, the animals were dosed orally with chlordiazepoxide (50 mg/kg/day in saline) and controls received saline only.

Female Sprague-Dawley rats (120–150 g body weight) were fed either a folate-deficient diet (34), a semi-supplemented folate diet prepared by addition of folic acid (0.35 mg/kg food) to the folate-deficient diet which was sufficient to relieve all deficiency symptoms in the rat (35), or a fully supplemented folate diet prepared by addition of folic acid (0.7 mg/kg food) to the stock folate-deficient diet. Drugs were administered daily for 12 weeks mixed with the food in the following concentrations: succinyl sulphathiazole (15.0 g/kg/food), phenobarbitone sodium (0.5 g/kg), diphenylhydantoin sodium (0.5 g/kg), imipramine (0.25 g/kg).

Analytical Methods

Serum and erythrocyte folate concentrations were determined by the method of *Chanarin et al.* (36). Urinary *D*-glucarate was determined by the method of *Marsh* (37), and formiminoglutamate (FIGLU) was measured by the method of *Bennett and Chanarin* (38).

Ascorbic acid was determined in urine (39) and also in selected tissues (40). *L*-Gulano-γ-lactone (up to 500 mg/100 ml) did not interfere with the determination of ascorbate.

Rat liver homogenates were prepared (41) and the content of cytochrome P-450 in a suspension of the washed microsomal fraction was determined (42).

Teratological Examinations

Six groups each of 6 female Sprague-Dawley rats were fed deficient, semi-supplemented, or fully supplemented folate diets with or without the addition of phenobarbitone and diphenylhydantoin (0.35 g of each to each kg food). After 12 weeks on these diets, the animals were mated. On the 21st day following mating, the day before parturition, the mother was bled, for folate determination, and then killed. The fetuses were counted and examined for viability, killed and stained for skeletal and organ examination by standard procedures (32).

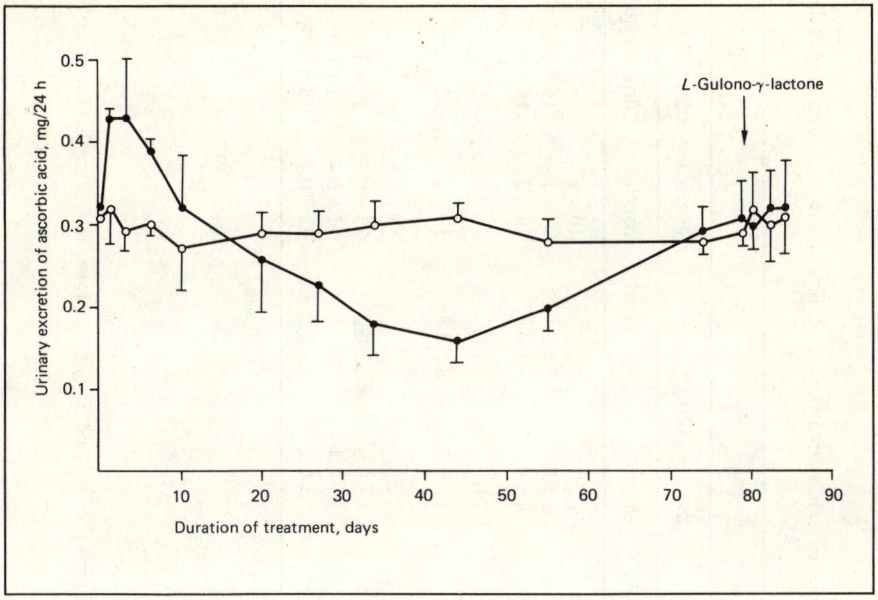

Fig. 1. Urinary excretion of ascorbic acid by guinea pigs following repeated oral administration of prednisone. Prednisone (7 mg/kg body weight) and limited ascorbic acid (10 mg/kg body weight) was administered orally for 87 days. *L*-Gulono-γ-lactone (330 mg/kg body weight) was injected subcutaneously on day 79 only. Prednisone-treated (•); controls (○).

Results and Discussion

1. Effects of Prolonged Administration of Prednisone on Ascorbate Metabolism

Following the daily administration of prednisone (7 mg/kg body weight) to guinea pigs maintained on a diet containing the minimum necessary level of ascorbate (10 mg/kg body weight/day), the daily urinary excretion of ascorbate increased significantly over the first 6 days and then decreased from about 20 to day 55 of medication (fig. 1). By day 75, the urinary ascorbate excretion had returned to control values and from then on there was no difference between the prednisone-treated and control guinea pigs (fig. 1). The ascorbate concentrations of thy animal serum and tissues show no significant differences between prednisone-treated and control animals before 85 days of treatment (table I), and there were no marked differences in body weight.

The initial increase in the urinary excretion of ascorbate, as the result of prednisone administration, may be due to decreased tissue uptake, as has been

Table I. Tissue ascorbic acid concentrations in guinea pigs following long-term oral administration of prednisone or chlordiazepoxide (Librium). After *Labadarios* (32)

Period of drug administration days	Ascorbate concentration in							
	serum, mg/100 ml		adrenal, mg/100 g		liver, mg/100 g		spleen, mg/100 g	
	control	drug-treated	control	drug-treated	control	drug-treated	control	drug-treated
None	0.30 ± 0.02		48 ± 4		11 ± 1		16 ± 1	
56 days prednisone	0.27 ± 0.01	0.27 ± 0.01	56 ± 2	57 ± 2	9 ± 0.1	9.5 ± 0.1	17 ± 1	16 ± 1
85 days prednisone	0.25 ± 0.01	0.32 ± 0.01*	28 ± 4	30 ± 5	6 ± 0.9	5 ± 0.3	19 ± 2	18 ± 2
85 days prednisone plus 5 days *L*-gulonolactone	0.37 ± 0.02	0.20 ± 0.03*	25 ± 1	38 ± 6*	3 ± 0.2	6 ± 0.8*	13 ± 1	22 ± 2*
None	0.22 ± 0.02		28 ± 2		5 ± 0.3		23 ± 0.2	
50 days Librium	0.20 ± 0.01	0.22 ± 0.01	23 ± 3	29 ± 2	4 ± 0.8	3 ± 0.2	23 ± 0.3	20 ± 1
90 days Librium	0.19 ± 0.01	0.17 ± 0.03*	26 ± 5	14 ± 3*	3 ± 0.4	2 ± 0.2	17 ± 0.4	11 ± 0.9*
102 days Librium	0.23 ± 0.03	0.17 ± 0.02*	30 ± 3	29 ± 2	5 ± 0.2	4 ± 0.2	22 ± 0.2	18 ± 0.5*

Prednisone was administered at a daily dose of 7 mg/kg; Librium at 50 mg/kg daily; and *L*-gulonolactone at 330 mg/kg for 5 days (days 79–83).
* Means significantly different from the correpsonding controls.

observed with alcohol (43) or with aspirin (44). It certainly seems unlikely that it is due to increased endogenous synthesis of the vitamin, as is known to occur in the rat as a consequence of drug-promoted hepatic enzyme induction (45), since the guinea pig is not able to complete this synthesis. Moreover, there was no evidence of hepatic enzyme induction, no increase in liver microsomal cytochrome P-450, nor any increase in the urinary excretion of *D*-glucarate.

The decreased urinary excretion of ascorbate from day 20 to day 55 of prednisone administration is indicative of ascorbate depletion, and about half of the animals showed clinical signs of deficiency, mainly haemorrhagic lesions around the neck and back which however began to heal from about day 60. The subsequent return to normal of the decreased levels of urinary ascorbate excretion at around day 75 suggests that the tissue levels of the vitamin in the prednisone-treated animals had by then become adequate, and could be indicative of metabolic adaptation, tissue redistribution or induced *de novo* synthesis of ascorbic acid.

To investigate these possibilities, a large dose of *L*-gulono-γ-lactone (330 mg/kg body weight), the immediate metabolic precursor of ascorbic acid, was administered subcutaneously to both prednisone-treated and control guinea pigs on day 79, that is, in the period of recovery of urinary ascorbate levels to normal. As shown in figure 1, this produced no significant increase in ascorbate excretion in either the prednisone-treated or control guinea pigs. In contrast, the same treatment of *L*-gulono-γ-lactone to rats resulted in a 2- to 3-fold increase in the excretion of ascorbate, due to an increased synthesis of the vitamin. However, although treatment with prednisone alone gave rise to a slight increase over controls in the serum ascorbate (at day 85), with no differences in tissue ascorbate, prednisone plus *L*-gulonolactone resulted in a lower serum ascorbate but significantly increased tissue concentrations of the vitamin (table I).

All of these effects of repeated prednisone administration on tissue ascorbate and urinary excretion of ascorbic acid, with and without *L*-gulonolactone, were reproduced several months later in an identical second series of experiments with different groups of animals. It would appear therefore that prolonged administration of prednisone, as with other drugs and chemicals, makes a demand on the body's ascorbate reserves which, on a restricted ascorbate intake, to vitamin C-dependent species, results in lowered excretion and some degree of clinical deficiency. The progressive increase in ascorbate urinary excretion from about the eighth week onwards of prednisone administration is taken to indicate some degree of endogenous synthesis of the vitamin by the guinea pigs, however limited, since the intake of ascorbate was minimal and constant, the vitamin has a half-life of 4.5 days, and tissue concentrations similarly increased. The latter observations also indicate that by this time (week 8), and possibly because of the previous depletion of the vitamin, or displacement of protein-bound vitamin by the drug, the animals had achieved a greater efficiency in the tissue utilisation of ascorbate. It is known that on a low dietary intake of ascorbic acid, retention of the vitamin by guinea pig tissues such as adrenal and spleen, is significantly increased (46).

Although prednisone is known to be a potent inducer of hepatic microsomal enzymes, including particularly NADPH-cytochrome *c* reductase, in the rat (47), there was no evidence of enzyme induction in the guinea pigs, and hepatic microsomal protein, cytochrome P-450, and cytochrome b_5 and the urinary excretion of D-glucaric acid, were all normal. Possibly, this absence of enzyme induction is the result of ascorbate deficiency, since it is known that lack of vitamin C leads to decreases in cytochrome P-450 and to losses in drug-metabolising enzyme activity (16, 48).

Recently, the controversy over whether or not the guinea pig can synthesize ascorbic acid has been revived (49). The biosynthesis is dependent on the reduction of *L*-gulono-γ-lactone by gulonolactone oxidoreductase, an enzyme present in the liver endoplasmic reticulum of the rat, and also in the liver of embryonic guinea pig but absent from adult liver (50). Possibly the postnatal suppression of this enzyme may be subject to some alleviation by nutritional needs, stress, or by the prolonged exposure to corticosteroid hormones or drugs. Indeed, *Odumosu and Wilson* (51) found that nearly half of a group of female guinea pigs maintained on an ascorbate-free diet were capable of prolonged survival, due to endogenous synthesis of the vitamin made possible by the emergence of gulonolactone oxidoreductase activity in the livers of these animals. Corticosteroids, including prednisone, are known to preferentially increase the microsomal reductases (52) and it is possible that prolonged stress or prolonged administration of a corticosteroid may lead to activation or induction of the gulonolactone oxidoreductase along with other hepatic microsomal reductases. Certainly, the prolonged administration of the drug Librium does not produce similar results (see next section).

2. Effects of Prolonged Administration of Chlordiazepoxide (Librium) on Ascorbic Acid Metabolism

Following the daily administration of Librium (50 mg/kg body weight/day) to guinea pigs maintained on a diet containing the minimum necessary level of ascorbic acid (10 mg/kg body weight/day) the daily urinary excretion of ascorbate was significantly increased (0.16–0.18 mg/24 h) over the first 8 days compared to controls (0.12–0.14 mg/24 h). The excretion of ascorbate returned to control values on about the 15th day of medication, and became significantly less than normal on the 44th day (0.07 mg/24 h), with this lower excretion persisting until the 120th day (0.05 mg/24 h) when the experiment was terminated. There was no recovery, as in the experiments where the corticosteroid drug prednisone was administered (see last section). Furthermore, the serum and tissue levels of ascorbic acid were reduced in the Librium-treated guinea pigs by about the 90th day of drug administration. The Librium-treated animals also showed a much lower body weight gain than control animals, and treated and control mean body weights were: at 50 days, 546 and 650 g; at 90 days, 572 and 760 g; and at 120 days, 603 and 830 g, respectively.

There was no evidence of liver enzyme induction in the Librium-treated guinea pigs although the drug is a moderately good enzyme inducer in man and rat (53). Liver concentrations of cytochrome P-450 and b_5 and microsomal protein were unchanged from control values and the urinary excretion of *D*-glucaric acid was normal. Inhibition of enzyme induction, however, is known to occur quite early during ascorbic acid depletion in guinea pigs (54). The initial increase in urinary excretion of ascorbate is similar to that observed in the guinea pigs treated with prednisone and may have been due to decreased tissue uptake of the vitamin. The subsequent decrease in urinary excretion of ascorbate is interpreted as greater utilisation due to increased requirements. The eventual increase in urinary excretion of ascorbate that was seen with prednisone, was not observed with Librium. Moreover, the tissue levels of ascorbate decreased following prolonged treatment with Librium and body weight also decreased, although food intake remained normal.

It is concluded that prolonged administration of chlordiazepoxide results in an increased need for ascorbate, probably utilised in the metabolism of the drug, resulting in decreased urinary excretion, diminished tissue levels, and reduction of the normal growth rate. The absence of any recovery or degree of endogenous synthesis suggests that this recovery phenomenon, which was observed with prednisone, is likely to be restricted to prednisone and possibly other corticosteroids and to similar stimulators of the hepatic microsomal reductases.

The implications of these observations to human patients on long-term drug therapy remains to be fully evaluated, but preliminary observations suggest that a similar demand for ascorbate occurs in human subjects subjected to prolonged administration of certain drugs.

3. The Effects of Prolonged Drug Treatment on Folate Metabolism in Human Patients

The concentration of folate in the serum and erythrocytes of patients on long-term therapy with anticonvulsant drugs, and to a lesser extent phenothiazines, were significantly lower than control subjects on the same diet but receiving no drugs (table II). Serum vitamin B_{12} concentrations were similar in all groups of patients, including controls. Abnormal erythrocytes and leucocytes were seen in 5/16 patients on anti-convulsant therapy, and abnormal erythrocytes but not leucocytes were seen in 4/15 patients on phenothiazines. No abnormalities were seen in patients receiving tricyclics. Similarly, the urinary excretion of FIGLU, following histidine loading of patients, was substantially increased in the anticonvulsant and phenothiazine groups of patients, thus

Table II. The effects of prolonged drug treatment on folate metabolism and hepatic microsomal enzyme production in human patients. After *Labadarios* (32)

Patient group	Number of patients	Duration of treatment years	Serum folate ng/ml	RBC folate ng/ml	FIGLU excretion mg/h	*D*-Glucarate excretion μmol/h
Control	15	0	5.3 ± 0.5	132 ± 6	0.8 ± 0.2	0.4 ± 0.1
Anticonvulsants	16	12	3.2 ± 0.1*	97 ± 6*	2.4 ± 0.3*	3.9 ± 0.7*
Phenothiazines	15	15	4.4 ± 0.3	106 ± 7*	1.8 ± 0.2*	1.2 ± 0.2*
Tricyclics	7	2	4.7 ± 0.5	124 ± 8	1.2 ± 0.3	1.4 ± 0.3*

Patients on anticonvulsant drugs received diphenylhydantoin and phenobarbital, alone or in association with primidone or diazepam; on phenothiazines they received thioridazine or chlorpromazine; and on tricyclics, imipramine or amitryptyline, or the diazepines, nitrazepam or diazepam were given. The urinary excretion of FIGLU was measured over a period of collection of 9 h, and *D*-glucurate excretion was measured over 24 h.

* Indicates that results are significantly different from control values.

Table III. The effects of drugs and folate supplementation on folate metabolism in rats. After *Labadarios* (32)

Treatment	Folate-deficient diet				Folate-supplemented diet			
	serum folate ng/ml	RBC folate ng/ml	cyt. P-450 nmol/g liver	FIGLU mg/h	serum folate ng/ml	RBC folate ng/ml	cyt. P-450 nmol/g liver	FIGLU mg/h
Controls	6.0 ± 0.4	56 ± 1	19.2 ± 1.4	0.5 ± 0.02	20.6 ± 0.2	98 ± 3	18.2 ± 0.6	0.1 ± 0.01
Phenobarbitone	4.3 ± 0.2*	43 ± 3*	20.0 ± 1.7	8.6 ± 0.1*	20.8 ± 0.2	96 ± 3	49.0 ± 3.0*	0.1 ± 0.01
Diphenylhydantoin	4.3 ± 0.4*	49 ± 3*	19.6 ± 0.9	1.2 ± 0.1*	20.5 ± 0.2	99 ± 1	22.0 ± 0.9	0.1 ± 0.01
Imipramine	4.3 ± 0.5*	44 ± 1*	15.0 ± 0.9*	1.3 ± 0.1*	20.4 ± 0.2	99 ± 4	29.0 ± 2.0*	0.1 ± 0.01
Succinylsulphathiazole	2.5 ± 0.1*	38 ± 1*	13.6 ± 1.5*	1.3 ± 0.1*	18.0 ± 0.3*	89 ± 3*	24.1 ± 0.6*	0.15 ± 0.01*

The urinary excretion of FIGLU was measured over a period of 9 h. Drugs were administered daily for 12 weeks at the doses described in the text.

* Indicates that results are significantly different from control values.

confirming the depletion of tissue folate (table II). All these groups of patients showed increased excretion of *D*-glucarate, indicative of hepatic microsomal enzyme induction, and this was more marked in the anticonvulsant group.

However, when patients were grouped according to the duration of the period of drug administration, instead of according to the class of drug administered, it became apparent that the nature of the drug is inconsequential and that the degree of folate depletion is dependent on the length of time for which the drugs were administered. Patients receiving anticonvulsant, phenothiazine or tricyclic drugs for a period of 2–5 years showed marked enzyme induction, as indicated by a 5-fold increase in the urinary excretion of *D*-glucaric acid, but this was progressively reduced to 2- to 3-fold, as the duration of treatment was lengthened to 10 or more years. Furthermore, all groups of patients showed little or no signs of folate deficiency over the first 5 years of treatment, but this became increasingly apparent as the duration of medication was extended to 10 years or more.

It would appear therefore that folate deficiency is associated with prolonged drug treatment with enzyme-inducing drugs, and probably results from the increased demand for folate required by the increased enzyme protein synthesis. Moreover, the subsequent decrease in enzyme induction seen in patients on longer periods of treatment may be the consequence of the folate depletion limiting enzyme protein synthesis. This may explain why patients, stabilised for several years on a particular dose of anti-convulsant drug, suddenly develop symptoms of drug toxicity and overdosage (fig. 2).

It is therefore probably desirable that the folate status of patients on long-term drug therapy, especially where the drugs are known to be enzyme-inducing agents, should be monitored at, say, yearly intervals, and where there is obvious folate deficiency, supplementation may be desirable. This is of particular importance where patients, as in our study, are found to be existing on a minimal dietary intake of this vitamin.

4. The Effects of Repeated Drug Administration on Folate Requirements in Rats

The daily administration at high dosage of phenobarbitone (0.5 g/kg/day), diphenylhydantoin (0.5 g/kg/day), imipramine (0.25 g/kg/day) or succinylsulphathiazole (15 g/kg/day) for 12 weeks to rats resulted in a marked increase in the folate deficiency of all drug-treated animals on the folate-deficient diet. Control animals on this diet showed no marked deficiency, but their serum and tissue folate concentrations were significantly lower than either the control or any of the drug-treated groups maintained on the folate-supplemented diet (table III). In the animals on the folate-supplemented diet, only those receiving the high doses of succinyl sulphathiazole showed any decrease over control animals in tissue folate concentration or increased FIGLU excretion, and these

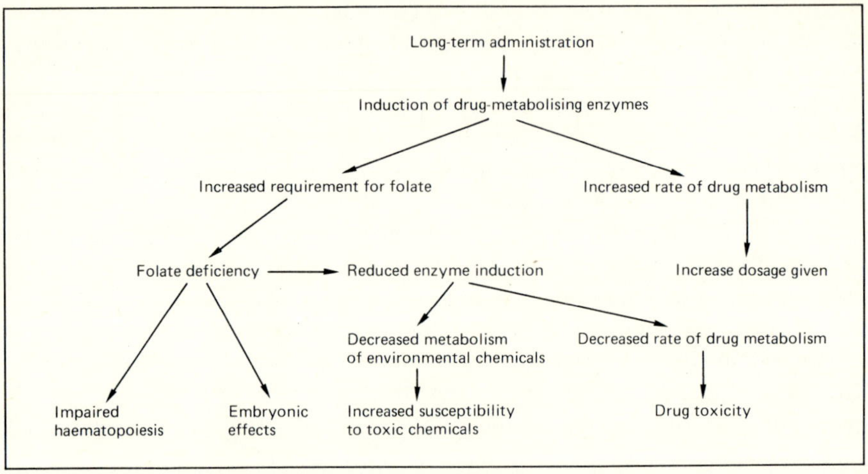

Fig. 2. Long-term effects of drug administration on folate metabolism and toxic side-effects of drugs. After *Labadarios* (32).

differences were barely significant. The effect of succinyl sulphathiazole probably results from suppression of the intestinal microflora and the removal of their contribution to folate intake.

Nevertheless, the folate-deficient diet was sufficiently adequate to maintain a normal level of synthesis of hepatic microsomal cytochrome P-450, for there were no differences in this parameter between the control animals of both dietary groups. However, although hepatic microsomal enzyme induction, as measured by cytochrome P-450 concentration, was marked in the phenobarbitone-treated rats maintained on the folate-supplemented diet, and to a lesser extent the other drug-treated groups on this diet, no enzyme induction was manifest in any of the treatment groups maintained on the folate-deficient diet. In fact, the succinyl sulphathiazole treated animals on the folate-deficient diet showed a distinct diminution in cytochrome P-450.

These experiments indicate that hepatic microsomal enzyme induction is affected by the folate status of the animal and that treatment with drugs, especially enzyme inducers, for a period of only 12 weeks to rats, results in an increased demand for folate, possibly due to an initial brief phase of hepatic enzyme induction. These experiments also substantiate the conclusions made previously in respect to the requirements of folate by patients on long-term drug therapy.

5. Teratogenic Effects of Anticonvulsant Drugs in Rats

A reproductive and teratogenicity study of the effects of combined treatment with phenobarbitone and diphenylhydantoin (approx. 25 mg/kg body

Table IV. The folate status and fetal weights of rats maintained on folate-deficient diets with and without anti-convulsant drug administration. From *Labadarios* (32)

Diet	Mean fetal weight g	Mean litter weight g	Maternal serum folate ng/ml	Maternal erythrocyte folate ng/ml
Folate-deficient				
Control	2.2 ± 0.3	22.9 ± 4.1	5.8 ± 0.7	50 ± 1
Plus anticonvulsants	1.9 ± 0.2	13.6 ± 2.5*	3.1 ± 0.2*	34 ± 3*
Folate semi-supplemented				
Control	2.8 ± 0.3	35.6 ± 5.1	7.4 ± 0.4	70 ± 3
Plus anticonvulsants	2.4 ± 0.3	30.6 ± 0.3	6.0 ± 0.5*	58 ± 4
Folate fully supplemented				
Control	3.5 ± 0.3	38.0 ± 3.6	11.4 ± 1.3	89 ± 7
Plus anticonvulsants	3.4 ± 0.1	38.7 ± 3.9	8.3 ± 0.1*	72 ± 7*

Figures are the mean values ± SEM for groups of six animals (32).
All animals on folate-deficient and folate semi-supplemented diets showed significant differences from animals on fully supplemented diets, in *all* parameters measured.
* Indicates that these values were also significantly different from the corresponding controls.

weight of each per day) was carried out in female rats maintained, for 12 weeks before mating and during the whole period of gestation, on folate-deficient, folate-semi-supplemented and folate fully supplemented diets, with and without drug treatment. As shown in table IV, the maternal serum and erythrocyte folate concentrations, just prior to full-term, reflected the dietary intake of folate. Moreover, the folate concentrations of animals on all three diets were reduced by the repeated administration (15 weeks) of phenobarbitone plus diphenylhydantoin, although these again reflected the amount of folate in the diet, being greatest on the folate-deficient diet.

The mean fetal weights and the mean litter weights also reflect the inadequacy of the dietary folate and were lowest on the folate-deficient diet (table IV). The effects of drug treatment on mean fetal and litter weights were significant only in the folate-deficient group of animals and significantly lower weights were recorded.

Examination of the organs and skeletons of the fetuses showed a progressive increase of deformities due to folate deficiency and drug treatment in all six groups. Figure 3 shows the lateral views of the skeletons of representative 21-day-old fetuses from the six groups. Although there are no significant differences between the control (A) and drug-treated (D) animals in the fully folate-supplemented animals, there is a progressive increase in the reduced size of

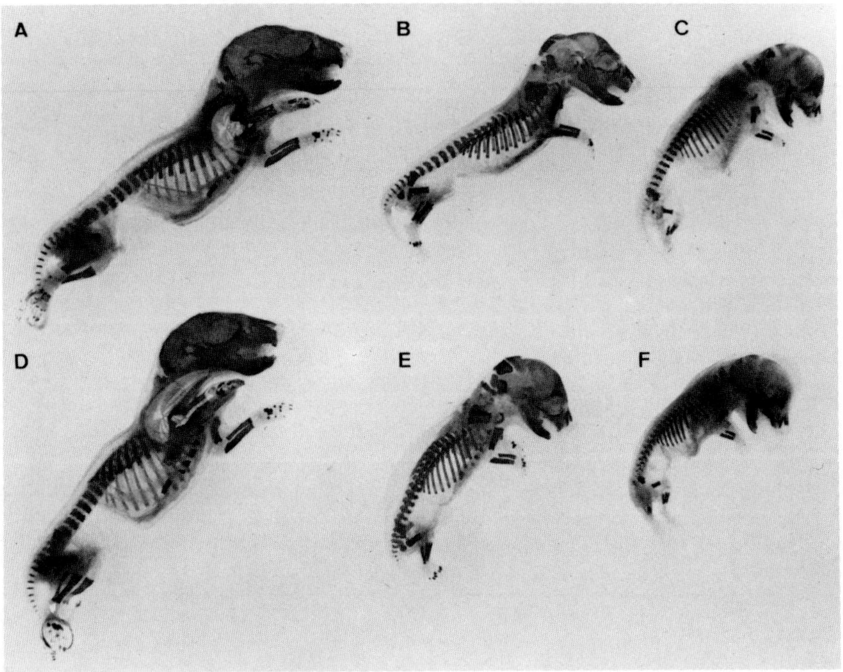

Fig. 3. Lateral views of skeletons of 21-day-old fetuses of rats maintained on diets of varying folate deficiency, with and without anti-convulsant drug therapy. The fetal skeletons are from dams maintained as follows: (A) fully folate-supplemented diet only: (D) fully folate-supplemented diet plus anti-convulsant drugs; (B) partially folate-supplemented diet only; (E) partially folate-supplemented diet plus anti-convulsant drugs; (C) folate-deficient diet only; (F) folate-deficient diet plus anti-convulsant drug. Diet and anti-convulsant drugs (phenobarbital and diphenylhydantoin, 25 mg/kg body weight of each per day) were given for 15 weeks before parturition.

the bones, their misshapen appearance, the absence of ossification and the shortness and breakage of the rib bones, from the partially supplemented controls (B) to partially supplemented drug-treated animals (E) to folate-deficient controls (C) to folate-deficient drug-treated animals (F). Furthermore, these progressive skeletal abnormalities were paralleled by an increasing incidence of malrotation of the fetal spinal column, hydrocephaly, head and abdominal haemorrhages, and hydronephrosis and hydroureter.

These findings confirm earlier observations of the effect of folate deficiency on skeletal development (55) and other organ abnormalities in the rat (56, 57). They also substantiate the various reports of congenital malformations seen in the offspring of women taking anti-convulsant drugs (58–60). These malformations include cleft-lip and cleft-palate, hydrocephalus, heart defects and spina bifida, though it is not clear whether they are attributable to folate deficiency or to drug effects *per se.* It is, however, of considerable significance that there is a broad correlation in the incidence and type of genetic abnormality produced by folate deficiency and anti-convulsant treatment in the rat, and those reported to occur in humans on anti-convulsant drug treatment.

In summary, it would appear that evidence is accumulating, both from studies in experimental animals and from observations on human patients and their progeny, that long-term administration of drugs makes significant nutritional demands for ascorbic acid and, at least in the case of enzyme-inducing drugs, for folate. Disregard of these facts may result in adverse effects to the patient, to the efficacy of the treatment and, more disastrously, to the progeny of the patient. A better informed and more enlightened approach to the importance of the adequate nutrition of the patient and to the effects upon this of drug therapy, would seem to be a desirable prospect in medical practice.

References

1 *Kato, R.; Oshima, T., and Tomizawa, S.:* Toxicity and metabolism of drugs in relation to dietary protein. Jap. J. Pharmac. *18:* 356–366 (1968).

2 *McLean, A.E.M. and McLean, E.K.:* The effect of diet and 1,1,1-trichloro-2,2-bis-(*p*-chlorophenyl)ethane (DDT) on microsomal hydroxylating enzymes and on sensitivity of rats to carbon tetrachloride poisoning. Biochem. J. *100:* 564–571 (1966).

3 *Boyd, E.M. and Dubos, I.:* Protein deficiency and tolerated oral doses of endosulfan. Archs int. Pharmacodyn. Thér. *178:* 152–165 (1969).

4 *Basu, T.K.:* Effect of nutrition on hepatic microsomal drug metabolizing enzymes in growing rats; PhD thesis, Guildford (1971).

5 *Kato, R. and Gillette, J.R.:* Effect of starvation on NADPH-dependent enzymes in liver microsomes of male and female rats. J. Pharmac. exp. Ther. *150:* 279–284 (1965).

6 *Basu, T.K.; Dickerson, J.W.T., and Parke, D.V.:* Effect of underfeeding suckling rats on the activity of hepatic drug metabolising enzymes. Biol. Neonate *23:* 109–115 (1973).

7 *Dingell, J.V.; Joiner, P.D., and Hurwitz, L.:* Impairment of hepatic drug metabolism in calcium deficiency. Biochem. Pharmacol. *15:* 971–976 (1966).

8 *Becking, G.C. and Morrison, A.B.:* Hepatic drug metabolism in zinc-deficient rats. Biochem. Pharmacol. *19:* 895–902 (1970).

9 *Becking, G.C. and Morrison, A.B.:* Role of dietary magnesium in the metabolism of drugs by NADPH-dependent rat liver microsomal enzymes. Biochem. Pharmacol. *19:* 2639–2644 (1970).

10 *Norred, W.P. and Wade, A.E.:* Dietary fatty acid-induced alterations of hepatic microsomal drug metabolism. Biochem. Pharmacol. *21:* 2887–2891 (1972).

11 *Hietanen, E.; Laitinen, M.; Vainio, H., and Hänninen, O.:* Dietary fats and properties of endoplasmic reticulum. II. Dietary lipid induced changes in activities of drug metabolizing enzymes in liver and of rat. Lipids *10:* 467–472 (1975).

12 *Strobel, H.W.; Lu, A.Y.H.; Heidema, J., and Coon, M.J.:* Phosphatidylcholine requirement in the enzymatic reduction of hemoprotein P-450 and in fatty acid, hydrocarbon and drug hydroxylation. J. biol. Chem. *245:* 4851–4854 (1970).

13 *Degkwitz, E.; Luft, D.; Pfeiffer, U. und Staudinger, H.:* Untersuchungen über mikrosomale Enzymaktivitäten (Cumarinhydroxyberung NADPH-oxydation, glucose-6-phosphatase und Esterase) und Cytochromgeholte (P-450 und b_5) bei normalen skorbutischen und hungernden Meerschweinchen. Hoppe-Seyler's Z. physiol. Chem. *349:* 465–471 (1968).

14 *Leber, H.; Dekgwitz, E. und Staudinger, H.:* Untersuchungen zum Einfluss der Ascorbinsäure auf die Activität und die Biosynthese mischfunktioneller Oxygenasen sowie den Gehalt an Hämoproteiden in der Mikrosomenfraktion der Meerschweinchenleber. Hoppe-Seyler's Z. physiol. Chem. *350:* 439–445 (1969).

15 *Kato, R.; Takanaka, A., and Oshima, T.:* Effect of vitamin deficiency on the metabolism of drugs and NADPH-linked electron transport system in liver microsomes. Jap. J. Pharmac. *19:* 25–33 (1969).

16 *Zannoni, V.G.; Flynn, E.J., and Lynch, M.:* Ascorbic acid and drug metabolism. Biochem. Pharmacol. *21:* 1877–1392 (1972).

17 *Shargel, L. and Mazel, P.:* Effect of riboflavin deficiency on phenobarbital and 3-methylcholanthrene induction of microsomal drug metabolizing enzymes of the rat. Biochem. Pharmacol. *22:* 2365–2373 (1973).

18 *Colby, H.D.; Kramer, R.E.; Greiner, J.W.; Robinson, D.A.; Krause, R.F., and Canady, W.J.:* Hepatic drug metabolism in retinol-deficient rats. Biochem. Pharmacol. *21:* 1644–1646 (1975).

19 *Carpenter, M.P.:* Vitamin E and microsomal drug hydroxylations. Ann. N.Y. Acad. Sci. *203:* 81–92 (1972).

20 *Horn, L.R.; Machlin, L.J.; Barker, M.O., and Brin, M.:* Drug metabolism and hepatic heme proteins in the vitamin E-deficient rats. Archs Biochem. Biophys. *172:* 270–277 (1976).

21 *Remmer, H.:* Personal commun.

22 *Dent, C.E.; Richens, A.; Rowe, D.J.F., and Stamp. T.C.B.:* Osteomalacia with long-term anticonvulsant therapy in epilepsy. Br. med. J. *iv:* 69–72 (1970).

23 *Latham, A.N.; Millbank, L.; Richens, A., and Rowe, D.J.F.:* Liver enzyme induction by anticonvulsant drugs and its relationship to disturbed calcium and folic acid metabolism. J. clin. Pharmac. *13:* 337–342 (1973).

24 *Maxwell, J.D.; Hunter, J.; Stewart, D.A.; Ardeman, S., and Williams, R.:* Folate deficiency after anticonvulsant drugs: an effect of hepatic enzyme induction? Br. med. J. *i:* 297–299 (1972).

25 *Reynolds, E.H.:* Mental effects of anticonvulsants and folic acid metabolism. Brain *91:* 197–214 (1968).

26 *Mantz, J.M.; Tempe, J.D. et Jaeger, A.:* Intoxication barbiturique et anémie megaloblastique. Eur. J. Toxicol. *3:* 129–137 (1970).

27 *Hoffbrand, A.V. and Necheles, T.F.:* Mechanism of folate deficiency in patients receiving phenytoin. Lancet *ii:* 528–530 (1968).

28 *Baugh, C.M. and Krumdieck, C.L.:* Effects of phenytoin on folic-acid conjugases in man. Lancet *ii:* 519–521 (1969).

29 *Gerson, C.D.; Hepner, G.W.; Brown, N.; Cohen, N.; Herbert, V., and Janowitz, H.D.:* Inhibition by diphenylhydantoin of folic acid absorption in man. Gastroenterology *63:* 246–251 (1972).

30 *Benn, A.; Swan, C.H.J.; Cooke, W.T.; Blair, J.A.; Matty, A.J., and Smith, M.E.:* Effect of intraluminal pH on the absorption of pteroylmonoglutamic acid. Br. med. J. *i:* 148–150 (1971).

31 *Alter, H.J.; Zvaifler, N.J., and Rath, C.E.:* Interrelation of rheumatoid arthritis, folic acid and aspirin. Blood *38:* 405–416 (1971).

32 *Labadarios, D.:* Studies on the effects of drugs on nutritional status; PhD thesis, Guildford (1975).
33 *Hughes, R.E. and Hurley, R.J.:* The uptake of *D*-araboascorbic acid (*D*-isoascorbic acid) by guinea-pig tissues. Br. J. Nutr. *23:* 211–216 (1969).
34 *Thomson, A.D.; Frank, O.; Angelis, B. de, and Baker, H.:* Thiamine depletion induced by dietary folate deficiency in rats. Nutr. Reg. Int. *6:* 107–110 (1972).
35 *Asenjo, C.F.; Quintana, M.L., and Muniz, A.L.:* Pteroylglutamic acid requirement of the rat and a characteristic lesion observed in the spleen of the deficient animal. J. Nutr. *36:* 601–612 (1948).
36 *Chanarin, I.; Kyle, R., and Stacey, J.:* Experience with microbiological assay for folate using a chloramphenicol-resistant *L. casei* strain. J. clin. Path. *25:* 1050–1052 (1972).
37 *Marsh, C.A.:* Metabolism of *D*-glucuronolactone in mammalian systems. Biochem. J. *86:* 77–86 (1963).
38 *Bennet, M.C. and Chanarin, I.:* Urinary excretion of urocanic acid in megoloblast anaemia. Lancet *ii:* 1095 (1961).
39 *Hughes, R.E.:* Use of a cation-exchange resin in the determination of urinary ascorbic acid. Analyst *89:* 618–620 (1964).
40 *Roe, J.H. and Kuether, C.A.:* The determination of ascorbic acid in whole blood and urine through the 2,4-dinitrophenylhydrazine derivative of dehydroascorbic acid. J. biol. Chem. *139:* 399–407 (1943).
41 *Dickerson, J.W.T.; Basu, T.K., and Parke, D.V.:* Effect of protein energy nutrition on the activity of hepatic microsomal drug-metabolising enzymes in growing rats. J. Nutr. *106:* 258–264 (1976).
42 *Omura, T. and Sato, R.:* The carbon monoxide-binding pigment of liver microsomes. I. Evidence for its hemoprotein nature. J. biol. Chem. *239:* 2370–2378 (1964).
43 *Sorrel, M.F.; Baker, H.; Barak, A.J., and Frank, O.:* Release by ethanol of vitamins into rat liver perfusates. Am. J. clin. Nutr. *27:* 743–745 (1974).
44 *Loh, H.S.; Walters, K., and Wilson, C.W.M.:* The effects of aspirin on the metabolic availability of ascorbic acid in human beings. J. clin. Pharmac. *13:* 480–486 (1973).
45 *Conney, A.H.; Bray, G.A.; Evans, C., and Burns, J.J.:* Metabolic interactions between *L*-ascorbic acid and drugs. Ann. N.Y. Acad. Sci. *92:* 115–127 (1961).
46 *Rhiannon, S.; Williams, S., and Hughes, R.E.:* Dietary protein, growth and retention of ascorbic acid in guinea pigs. Br. J. Nutr. *28:* 167–172 (1972).
47 *Tredger, J.M.:* The biochemistry and pharmacokinetics of some endogenous and synthetic glucocorticoids, PhD thesis, Guildford (1973).
48 *Degkwitz, E.; Kaufmann, L.H.; Luft, D., and Staudinger, H.J.:* Decrease of cytochrome contents and changes in the kinetics of the monoxygenase in liver microsomes of guinea pigs at different stages of *L*-ascorbic acid deficiency. Hoppe-Seyler's Z. physiol. Chem. *353:* 1023–1033 (1972).
49 *Barnes, M.J.; Constable, B.J.; Impey, S.G., and Kodicek, E.:* Mortality rate in male and female guinea-pigs on a scorbutogenic diet. Nature, Lond. *242:* 522–523 (1973).
50 *Fabro, S.P. de:* Activity of gulonolactone oxidase in guinea pig embryos. C.r. Séanc. Soc. Biol. *162:* 284–285 (1968).
51 *Odumosu, A. and Wilson, C.W.M.:* Metabolic availability of vitamin C in the guinea-pig. Nature, Lond. *242:* 519–521 (1973).
52 *Parke, D.V.:* Induction of the drug-metabolizing enzymes; in Enzyme Induction, pp. 207–271 (Plenum Publishing, New York 1975).
53 *Orme, M.; Breckenridge, A., and Brooks, R.V.:* Interactions of benzodiazepines with warfarin. Br. med. J. *iii:* 611–614 (1972).

54 *Street, J.C. and Chadwick, R.W.:* Ascorbic acid requirements and metabolism in relation to organochlorine pesticides. Ann. N.Y. Acad. Sci. *258:* 132–143 (1975).

55 *Asling, C.W.; Nelson, M.M.; Wright, H.V., and Evans, H.M.:* Congenital skeletal abnormalities in foetal rats resulting from maternal pteroylglutamic acid deficiency during gestation. Anat. Rec. *121:* 775–789 (1955).

56 *Baird, C.D.C.; Nelson, M.M.; Monie, I.W., and Evans, H.M.:* Congenital cardiovascular anomalies induced by pteroylglutamic acid deficiency during gestation in the rat. Circulation Res. *2:* 544–554 (1954).

57 *Monie, I.W.; Nelson, M.M., and Evans, H.M.:* Abnormalities of urinary system of rat embryos resulting from maternal pteroylglutamic acid deficiency. Anat. Rec. *120:* 119 (1954).

58 *Fredrick, J.:* Epilepsy and pregnancy: a report from the Oxford record linkage study. Br. med. J. *ii:* 442–448 (1972).

59 *Meadow, S.R.:* Congenital abnormalities and anticonvulsant drugs. Proc. R. Soc. Med. *63:* 48–49 (1970).

60 *Speidel, B.D. and Meadow, S.R.:* Maternal epilepsy and abnormalities of the fetus and newborn. Lancet *ii:* 839–843 (1972).

Dr. *Dennis V. Parke*, Department of Biochemistry, University of Surrey, *Guildford* (England)

Wld Rev. Nutr. Diet., vol. 29, pp. 115–123 (Karger, Basel 1978)

Pharmacodynamic Action of Natural Food

N. Sapeika

Food will be considered in this presentation as material that is actually eaten by substantial numbers of people on a fairly regular basis at least in some part of the world (4).

The term pharmacodynamics refers to the study of the effects of pharmaco-active substances, their mode of action, their absorption, biotransformation, and excretion. There are foods of plant and animal origin that may exert a pharmacodynamic action because they contain pharmaco-active compounds as normal or natural components (1–5, 7, 8, 11).

A satisfactory classification of such foods from the point of view of pharmacology presents difficulties. They might be considered as follows: (1) Pharmaco-active substances always present in food but not harmful, for example bananas, pineapples; pharmaco-active substances always present and harmful, for example, polar bear liver, certain mushrooms; pharmaco-active substances occasionally present and then harmful, for example paralytic shellfish toxin and 'bread poisoning'. (2) According to the main organ or system in the body affected by harmful substances, for example hepatotoxic mushrooms, mycotoxins, and *Senecio* alkaloids. (3) According to the source of the pharmaco-active principles, for example those of fungal origin – aflatoxins, ergot alkaloids; of plant origin – *Senecio* alkaloids; of marine origin – shellfish toxin.

Pharmacological substances that may be present in foods as naturally occurring compounds will here be considered under the following headings: pharmaco-active substances (1) in foods of plant origin; (2) in foods of land animal origin, and (3) in foods of marine animal origin.

The following aspects of food pharmacology will not be considered in this presentation: bacterial food poisoning; food allergy; food additives and food contaminants; ordinary foods harmful in certain individuals, for example in coeliac disease, favism, galactosaemia, maple syrup urine disease, and phenylketonuria; hypervitaminosis.

Foods of Plant Origin

Amines

Certain fruits and vegetables (and certain foods of animal origin; see below) contain dopamine, noradrenaline, 5-hydroxytryptamine and tyramine, for example in bananas and plantains, tomatoes, avocado, and pineapples. Banana peel contains enormous quantities. Broad beans contain dihydroxyphenylalanine (dopa) and dopamine; like certain other amine-containing foods, they have caused hypertensive episodes in patients receiving monoamine oxidase inhibitors.

The combination of amine-containing (especially tyramine) foods and monoamine oxidase inhibitors (MAOI) (for example the antidepressant drugs tranylcypromine, phenelzine, nialamide, and the antibacterial agent, furazolidone) can produce a sudden rise in blood pressure, the so-called hypertensive crisis; enough amine may escape oxidative detoxication in the intestine and liver to be absorbed, and to be relatively slowly inactivated, and then produce pressor effects. Although the dangers of adverse and fatal reactions from MAOI and foodstuffs appear to have been overestimated, caution is nevertheless required when patients receive antidepressants of the MAOI type.

Vasoactive amines in plantains and bananas have been incriminated as the cause of right-sided valvular heart lesions in certain African areas. Amines (possibly histamine and serotonin) in foods may also be a cause of headaches in certain individuals.

Cyanogens

Plant foodstuffs, such as maize, sorghum millet, lima bean, kidney bean (haricot), manioc (cassava), and the seeds of apples, apricots, cherries, pears, plums, prunes and some other fruits, contain cyanogenetic glycosides. Bruising the cells of fresh cyanophoric plant material causes the interaction of enzymes and the cyanogenetic glycoside linamarin (the β-glucoside of acetone cyanohydrin) (11) and the production of hydrocyanic acid. The poison is rapidly absorbed from the gastrointestinal tract and, with fatal doses, death results from general histotoxic anoxia caused by inhibition of cytochrome oxidase.

Poisoning is rarely produced because the cyanogens are present in small amount, or in the seeds which are not eaten. Also, people using foods such as cassava have developed methods of preparation that remove or inactivate the cyanide-producing capacity of the plant material. The consumption of large quanitities of cassava up to 750 g per day in West Africa, Jamaica, and Malaya may be the cause of tropical amblyopia and ataxic neuropathy from chronic cyanide poisoning (11).

Hepatotoxins

Cycad seeds or kernels, also called cycad nuts, are used as food in various parts of the world. They are extremely toxic if ground unwashed seeds are eaten; acute jaundice, haemorrhage and partial paralysis may be produced. The toxic substances are azoxyglycosides such as the toxic glucoside cycasin which contains the aglycone, methylazoxymethanol. This substance induces malignant changes in the liver and kidneys in experimental animals. Cycad nuts may be the cause of liver cancer and other malignancies in people who eat this food. Also, cycad meal may be contaminated with fungi that produce carcinogenic mycotoxins.

Hepatotoxins may be present in certain foods as contaminants, for example mycotoxins in peanuts, and *Senecio* alkaloids in bread. The hepatotoxic cyclopeptides in the death caps (*Amanita phalloides* and *A. capensis*) are naturally occurring and these dangerous mushrooms should never be eaten.

Metals

Plants may contain certain metals such as copper, arsenic and iron, in small amounts. In certain areas in the United States and some other countries where fodder and grain are rich in selenium, due to an unusual amount in the soil, selenium poisoning has occurred. The disorder is known as alkali disease and blind staggers. Cattle are stunted in growth and emaciated, and in severe cases liver cirrhosis and death may occur. Human beings are not seriously affected because only small amounts of such food would be eaten. Mild selenium poisoning has caused stunted growth, anorexia and gastrointestinal disturbances.

Nitrates

Dangerous amounts of nitrate (saltpeter) may be present in some plants growing under certain soil conditions. The conversion of nitrates in spinach to nitrites by bacterial action (nitrate reductases) in the alimentary canal has caused cyanosis in children, from the conversion of haemoglobin to methaemoglobin. Excessive amounts of nitrate-nitrite mixtures in meats have caused similar problems (5, 8).

Oxalates

Rhubarb, spinach, celery, green plantain, tea, cocoa and some other foods have a high content of oxalate (5, 7). Oxalate is very poorly absorbed under non-fasting conditions in man, and normally 80–90% of ingested oxalate is not absorbed but eliminated in the faeces as insoluble calcium salts. There is some possibility of bacterial decomposition of oxalate in the gut.

There is little doubt that foods eaten by man in ordinary amounts do not provide sufficient oxalate to produce acute oxalate poisoning. The extent to which oxalate contributes to chronic disease, such as renal damage and stone formation, is difficult to assess; there is need for further investigation (1).

Goitrogens

Antithyroid (goitrogenic) principles, goitrins, which are glucosinolates, referred to in older literature as thioglucosides, are present in cabbage, cauliflower, brussel sprouts, broccoli, and turnips. Some glucosinolates in these plant foods may yield thiocyanate, another goitrogen, which is less active than goitrins. In eastern Nigeria, where unfermented cassava is a major food, thiocyanate may be involved in the goitre problem (11).

Amino Acids

Toxic amino acids in certain species of lathyrus peas, chick peas, such as *Lathyrus sativus* have caused neurolathyrism, largely restricted at the present time to the subcontinent of India where *L. sativus* is the staple food, and in the past it occurred in parts of Spain and other countries in the Meditteranean area. In this syndrome of neurolathyrism, there is muscular weakness, and progressive irreversible paralysis of the legs and, in extreme cases, death. It is caused by the presence in the seeds of an oxalyl amino acid, β-*N*-oxalyl-*L*-α,β-diaminopropionic acid (11). Other factors also may be involved in causing the syndrome.

Osteolathyrism is another syndrome that can be produced experimentally in animals by feeding certain species of peas, such as *L. odoratus,* which contain β-aminopropionitrile. This compound interferes with the formation of cross-linkages between the polypeptide chains in collagen and elastin, thereby weakening the bones and blood vessel walls. Osteolathyrism does not appear to be a health problem.

Hypoglycins are unusual amino acids present in ackee fruit and seed. The fleshy arillus of the ackee fruit is a common constituent of the Jamaican diet, and there are limited sales of canned ackee in North America. The hypoglycins produce hypoglycaemia and fatty changes in the liver in certain laboratory animals. In man, unripe ackee fruit has been regarded as a cause of acute hypoglycaemia, responsible for the so-called 'vomiting sickness of Jamaica'.

Ackee toxin may act as a riboflavin antimetabolite. It has been suggested that ackee toxin (hypoglycin) might be a factor in the production of certain human birth defects in Jamaica (10).

Djenkolic acid is an amino acid present in jenghol seeds which are eaten with relish in Indonesia. It may crystallize in the urinary tract if the urine is acid (in alkaline urine djenkolic acid remains dissolved); oliguria, proteinuria and renal colic occur with blood and casts in the urine. In the urethra, the crystals may cause necrosis, fistula and extravasation of urine. The breath and urine have a foul smell characteristic of the seeds.

Solanum Alkaloids

A steroidal alkaloid, solanidine, in market potatoes has been responsible for some cases of human poisoning. It occurs as a series of glycoside derivatives, referred to as solanine, under the skin and especially in the sprouts of potatoes. The normal range of solanine in food potatoes is 3–6 mg/100 g; 20 mg/100 g is considered the maximum safe amount.

Liquorice

Liquorice may contain an active principle (the 18-β isomer of glycyrrhetinic acid) which has mineralocorticoid and anti-inflammatory actions. Large doses may cause electrolyte imbalance leading to hypertension (from retention of salt and water) and hypokalaemia (causing paraesthesia and paresis).

Fava Beans

Active principles for example vicine and convicine, responsible for the rapid fall in reduced glutathione (G-S-H) in some persons with G-6-PD-deficient red blood cells have been demonstrated in fava beans. They would appear to be responsible for the haemolysis characteristic of favism although the actual mechanism of haemolysis has not been elucidated. The presence of active principles in fava pollen, allegedly responsible for haemolysis, remains to be proven, and attacks of favism from inhalation of the pollen remain to be proven.

Spices

These contain complex mixtures of essential oils and other substances which are mild irritants that can produce adverse effects (5, 6). In South Africa, there is a Government Regulation No. R 219 which states that: 'No person shall sell a food additive which is a mixture of nitrite or nitrate and spices, spice extracts, monosodium glutamate, and vegetable protein. The nitre or nitrate portion of the food additive may, however, be separately packed for mixing with the other substances, immediately prior to use.'

Nutmeg and mace in large quantity are hallucinogenic. They contain myristicin which may be the active principle; myristicin bears some structural relationship to mescaline. Very large doses of these spices may result in liver damage and death.

Foods of Land Animal Origin

Meat

Protein and other nitrogen-containing substances including certain drugs, for example ammonium chloride, must be avoided in patients who have cirrhosis of the liver. An increased concentration of ammonium ions in the blood may produce neurological symptoms progressing to stupor, coma, and death; the condition is referred to as hepatic coma or portacaval encephalopathy, previously known as meat poisoning or ptomaine poisoning. Meat extracts such as Bovril contain amines which in the presence of mono-amine oxidase inhibitors may produce a hypertensive crisis (see above).

Although food additives and contaminants (5, 6) are not considered in this paper, attention is drawn to the dangers arising from the ingestion of complex carcinogenic polynuclear (polycyclic) hydrocarbons in broiled meat (steaks) and barbecued ribs, and in smoked fish. In Iceland, heavily smoked mutton and fish containing 3,4-benzpyrene has been incriminated as a cause of gastric cancer which is common in the Icelandic population.

Liver

The liver of the polar bear, seal, shark, and Arctic fox is very rich in vitamin A and can produce acute intoxication (hypervitaminosis A) with such features as drowsiness, headache, vomiting, and excessive peeling of the skin (5, 8). The toxic action appears to be related to the membrane-labilizing potential of retinol which damages cell organelles and causes excessive release of hydrolytic enzymes. This disruptive action may lead to cell death. Chicken liver taken with monoamine oxidase inhibitors may induce hypertension (see above).

Milk

Cow's milk may contain contaminants that produce adverse effects (7, 8).

Cheese

Various cheeses, such as Cheddar, Camembert, Stilton and Roquefort, contain tyramine which may produce, as mentioned above for certain other amine-containing foods, a hypertensive crisis in patients in whom monoamine oxidase inhibitors are being used in the management of depressive states (8, 9).

Foods of Marine Animal Origin

Certain marine animals used as food regularly produce or temporarily contain active principles that may produce unwanted effects when ingested by man.

Shellfish Poisoning

Mussels may occasionally cause illness and even death when they contain saxitoxin (clam toxin, mussel toxin). This poisonous substance known as paralytic shellfish toxin is taken up by the mussels from certain dinoflagellates present in 'blooms' of plankton visible in the sea as 'red water' or 'red tide'. The principal actions of the toxin are on the nervous system, especially the peripheral nerves. Various workers have described an action directly on axons, neuromuscular junction, cutaneous tactile endings and skeletal muscle, and a direct depression of the heart. The poison blocks propagation of impulses in nerves and skeletal muscle cells without depolarization. The muscles of the diaphragm are particularly sensitive to the poison. The action is similar to that of tetrodotoxin from the fugu or puffer fish. The clinical features (sensory and motor) include paraesthesia, numbness, ataxia, impairment of speech and swallowing, weakness, progressive paralysis, and possibly death from respiratory paralysis.

Poisonous Fishes

Various types of fish poisoning are described. One example is tetrodon poisoning which follows the ingestion of puffers or puffer-like fishes (globe fishes, balloon fishes, blow-fishes). Many persons have died from this poisoning in Japan.

Conclusion

There are some substances in food with obvious and even severe toxic properties, but our knowledge of those that act in a slower and subtle fashion and which are therefore not recognized as being pharmacodynamic or toxic is inadequate. Much probably remains to be discovered. Relatively few of the specific chemicals known or not known to be naturally present in our foods have been evaluated toxicologically.

Recommendations

There is much scope for the investigation of food constituents that may have pharmacological action or produce long-term chronic toxicity or life-time effects; this applies to the known as well as the as yet unrecognized chemical substances in foods. There are possibly problems that may arise from the simultaneous presence and consequent interaction of naturally occurring and added materials. Effects may also be influenced by such factors as disease, inborn errors of metabolism, allergy, or individual non-specific intolerance.

Food problems may be due to: (a) Food allergy; food components are known to act as antigens and allergens in some people, but there is need for more investigation regarding the antigenicity and allergenicity of bacterial products and of additives and contaminants in foods. (b) Foods of plant origin, e.g. the effects of amines, raw soybean meal, goitrogens, mycotoxins. (c) Foods of animal origin, e.g. the relationship of dietary factors to atherosclerosis, carcinogenesis and hypervitaminosis. (d) Foods of marine animal origin, e.g. saxitoxin in mussels. (e) Food additives, e.g. antibiotics, colouring agents, flavouring agents, sweetening agents, nitrites. (f) Food contaminants, e.g. carcinogens, mycotoxins, pesticides, radionuclides, substances in food containers. (g) Water, e.g. contaminants in water (naturally occurring substances, effluent waste materials, pesticides, radionuclides, phytoplankton), bush tea, coffee, soft drinks and alcoholic beverages; the latter include Bantu beer which is used in South Africa, Kachasu in Zambia, and Malawi gin, which in addition to the effects of alcohol are allegedly a cause of oesophageal cancer from their content of nitrosamines or other toxic substances.

These problems necessitate the following investigations: (a) more chemical studies of the composition of natural foods; (b) more clinical studies of the pharmacodynamics of natural food in animals and in man – an important challenge in this regard is the long-term chronic effects of food substances on health, and (c) careful observations of possible food-drug and food-food interactions as a cause of pharmacodynamic or other effects; there is limited information about the possible effects produced by the ingestion of mixtures or combinations of foods.

Summary

There are foods of plant and animal origin that may exert a pharmacodynamic action because they contain pharmaco-active compounds as normal or natural components.

Pharmaco-active substances in foods of plant origin include amines, such as dopamine, noradrenaline, 5-hydroxytryptamine and tyramine (to be avoided in patients receiving monoamine oxidase inhibitors); cyanogenetic glycosides such as linamarin; hepatotoxins such as the azoxyglycosides in cycad seeds; metals; nitrates in spinach; oxalates in rhubarb and some other foods; goitrogens such as glucosinolates and thiocyanate; amino acids in certain lathyrus peas, the hypoglycins in ackee fruit and seed, djenkolic acid in jenghol seeds; solanum alkaloid in potatoes; mineralocorticoid principles in liquorice; active principles in fava beans; spices, with their complex mixtures of essential oils and other substances, and nutmeg and mace which contain myristicin.

Pharmaco-active substances in foods of land animal origin require emphasis for the avoidance of nitrogen-containing substances in patients who have cirrhosis of the liver, and the avoidance of amines in certain meat extracts in patients who are receiving monoamine oxidase inhibitors; hypervitaminosis A from the ingestion of the liver of polar bear, seal and shark; certain cheeses such as Cheddar which contain tyramine which must be avoided in patients receiving monoamine oxidase inhibitors.

Pharmaco-active substances in foods of marine animal origin include saxitoxin in mussels, the cause of paralytic shellfish poisoning; tetrodon toxin in puffer-like fishes.

There are some substances in food with obvious pharmacodynamic properties, but our knowledge of slower and subtle effects that may be produced by substances not recognized as pharmacodynamic or toxic is inadequate. Much probably remains to be discovered.

References

1 *Crampton, R.F. and Charlesworth, F.A.:* Occurrence of natural toxins in food. Br. med. Bull. *31:* 209–213 (1975).

2 *Liener, I.E.:* Constituents of plant foodstuffs (Academic Press, New York 1969).

3 *Liener, I.E.:* Toxic constituents of animal foodstuffs (Academic Press, New York 1974).

4 National Academy of Sciences National Research Council: Toxicants occurring naturally in foods. Publ. No. 73:8968 (1973).

5 *Sapeika, N.:* Food pharmacology (Thomas, Springfield 1969). Italian ed.: Farmacologia e tossicologia degli alimenti (Tamburini, Milano 1974).

6 *Sapeika, N.:* Food additives; in *Reichcigl* Wld Rev. Nutr. Diet., vol. 16, pp. 334–362 (Karger, Basel 1973).

7 *Sapeika, N.:* The toxicity of foods of natural origin. Trans. R. Soc. S. Afr. *41:* 1–17 (1974).

8 *Sapeika, N.:* Meat and dairy products; in *Liener* Toxic constituents of animal foodstuffs, pp. 1–38 (Academic Press, New York 1974).

9 *Sapeika, N.; Moodie, I.M., and Kaplan, E.R.:* Tyramine content of South African cheeses. S. Afr. med. J. *49:* 637–638 (1975).

10 *Scott, P.M.; Botting, H.G.; Kennedy, B.P.C., and Knipfel, J.E.:* The determination of hypoglycin A in ackee. J. Food Sci. *39:* 1057–1058 (1974).

11 *Strong, F.M.:* Toxicants occurring naturally in foods. Nutr. Rev. *32:* 225–231 (1974).

Dr. *N. Sapeika*, PO Box 1097, *Cape Town 8000* (South Africa)

Wld Rev. Nutr. Diet., vol. 29, pp. 124–129 (Karger, Basel 1978)

Nutrition and the Intracellular Site of Toxic Injury

A.E.M. McLean

University College Hospital Medical School, University Street, London

It is a reasonable generalisation to say that toxic chemicals are those molecules stable enough to penetrate cells, but reactive enough to combine with some essential cell component.

The cell component may be inactivated because of a particularly close fit by the toxic molecule to an active site, as in cyanide, or fluoro-citrate toxicity (17), or else the pre-toxin may be activated to a reactive electrophilic species which then attacks all kinds of molecules which have areas of high electron density (14).

The activation step for this kind of toxicity has been well studied for a number of classical poisonous substances, such as the pre-toxins carbon tetrachloride (CCl_4), carbon disulphide, dimethyl nitrosamine (DMN), retrorsine, allyl alcohol and so on. In each case, nutritional and environmental factors, such as substances that induce synthesis of cytochrome P-450, have been found to play an important role in determining the toxic effect (1, 3, 4, 10, 12, 13, 19, 20–22).

The fate of the activated toxic molecule has been studied far less well than the initial activation step, with the exception of certain carcinogens, and a few molecules that cause haemolysis (7, 14).

For DMN and also benzo-α-pyrene, we have a considerable mass of evidence that the activated molecule has to bind to DNA in order to exert its carcinogenic effect, and that for DMN at least, alkylation of the O^6 position of guanine correlates well with future appearance of cancers (7).

For acute cell injury and death, we have no clear-cut site of action of these reactive molecules, and it has been assumed by some workers that the reactive molecule attacks a wide range of cell components, proteins, lipids, membranes and enzymes, and in some generalised way disorganises the cell and causes its death (15, 16). Others, in particular *Recknagel* (18), suggest that toxins like CCl_4 cause lipid peroxidation and produce cell death in an indirect way.

We have suggested that movement of calcium inside cells may play a role in the final dissolution of the organised structure (5, 9).

Gillette and his group at NIH have studied *N*-acetyl-para-amino phenol (paracetamol, acetaminophen) and shown that the substance is activated at the P-450 site and causes a drop in intracellular glutathione (GSH) levels before causing cell injury and death (15, 16).

We have found that low protein diets lower GSH levels and make animals highly sensitive to paracetamol, and that feeding a yeast diet or a vitamin E-deficient diet makes rats even more sensitive (tables I, II) (6, 12).

Experimental Studies

We have used rat liver slices incubated in 8 m*M* paracetamol to investigate the intracellular site of attack by paracetamol.

Liver slices were cut by hand from rats given phenobarbitone in the drinking water for 1 week (8). The slices were incubated in Hepes buffered Ringer solu-

Table I. Effect of diet and phenobarbitone on the lethality of paracetamol, and on cytochrome P-450 and glutathione content of the liver

Diet	Cytochrome P-450 nmol/g liver	Glutathione µmol/g liver	Lethality of paracetamol	
			LD_{50}, g/kg	95% limits
Stock pellets (41B)	40 ± 9	6.9 ± 1.7	5.2	4.6–6.0
Stock pellets (41B) + phenobarbitone	142 ± 35	7.6 ± 1.0	2.0	1.7–2.4
3% casein 5% olive oil diet	23 ± 5	2.2 ± 0.2	2.1	2.0–2.3
3% casein 5% olive oil diet + phenobarbitone	81 ± 15	2.8 ± 0.3	0.9	0.8–1.0
25% yeast diet	37 ± 3	2.8 ± 0.5	0.4	0.2–0.7

LD_{50} values were determined on at least four groups of four rats. Other results are expressed as the mean of at least five determinations on different animals ± 1 SD.

Table II. Effect of diet on the response to paracetamol

Diet	n	Deaths	Plasma isocitrate dehydrogenase nmol/ml/min geometric mean	ISD range
41B stock pellets	10	0	8.5	(2–39)
41B + 15% herring oil	11	4	248	(17–3,600)
41B + 15% herring oil + α-tocopherol 100 mg	9	0	9.4	(1–80)

All rats given phenobarbital in drinking water for 7 days before paracetamol. Paracetamol 400 mg/kg i.p. dissolved in warm saline.

Table III. Leakage of isocitrate dehydrogenase from liver slices

Rat diet	(ICD in 2nd ringer as % of ICD originally in slice) 1st incubation medium			
	Ringer	R + parac. 4 m*M*	R + parac. 8 m*M*	R + parac. 12 m*M*
Stock pellets	1.9 ± 0.6	2.7 ± 0.2	7.1 ± 2.8	6.6 ± 1.9
Stock + phenobarbital	1.3 ± 0.4	9.2 ± 2.8	33 ± 19	–

All slices put into fresh Ringer after 2 h incubation.

Table IV. Effect of catechin on enzyme leakage and K levels in paracetamol-treated liver slices

Treatment 1st 2 h	Treatment 2–6 h	ICD leak % of total ICD	K μmol/g dry wt
Ringer	Ringer	2.7	237
R paracetamol	Ringer	43	103
R paracetamol	Ringer + 2 m*M* catechin	16	165

Weighed slices incubated for 2 h, placed in fresh Ringer and ICD leak measured at 6 h.

tion with paracetamol for 2 h, and then for another 4 h in a Ringer-albumin solution without paracetamol.

The first incubation in paracetamol led to a failure to metabolise amidopyrine at $2^1/_2$ h. While the slices cannot metabolise drugs, the homogenate made from the same slices has a normal activity in metabolising amidopyrine once the usual cofactors, NADP and buffer, are added. This suggests that perhaps NADP destruction or removal from the microsomal site is an early event in paracetamol injury. Cytochrome P-450 is not destroyed in this system. Loss of potassium, and leakage of soluble enzyme is a later event, appearing from 4 h onwards.

This evidence of cell injury was dependent on diet and cytochrome P-450 status of the rats. Rats treated with yeast diet were sensitive to 2 m*M* paracetamol, while slices from rats fed stock diets showed little sign of injury, even with 10 m*M* paracetamol. Phenobarbital pretreatment made the stock rats sensitive to 2 h incubation with 8 m*M* paracetamol (table III).

Addition of a number of substances such as + catechin, quercitin, methylene blue, or promethazine to the slices after the end of exposure to paracetamol prevented subsequent K loss and enzyme leak. Not all anti-oxidants had this effect. EDTA, caffeic acid, and butylated hydroxy anisole were ineffective (table IV).

Discussion

The rat liver slice incubated with paracetamol reproduces many of the events found *in vivo* in rats poisoned with paracetamol. The slice, like the rat, leaks enzymes and K, and this is dependent on cytochrome P-450 content glutathione levels and concentration of paracetamol.

What is surprising is that addition of some compounds after removal of paracetamol should have a protective effect. This is not due to residual paracetamol in the slice, as paracetamol is rapidly metabolised and very little is found in the slice at the end of the 2-hour incubation. Moreover, addition of + catechin at 3 h, that is 1 h after removal of the slice from contact with paracetamol, still has some protective effect.

What can we infer about the intracellular site of injury from these experiments? First, there is not an irreversible inevitable downward course leading from the generation of active metabolites to cell death. The ability of flavones such as catechin and quercitin to prevent the sequence leading from interaction of paracetamol with cytochrome P-450, to the later loss of cytoplasmic enzymes, points to a loss of membrane function as the final event. Earlier events may well be related to the inactivation of enzyme molecules by alkylating metabolites of paracetamol.

A sequence of enzyme activities is normally controlled by activation or synthesis of the rate-limiting 'key' enzyme. If this enzyme is attacked by the alkylating metabolites, then the normal feedback controls will bring the cell back into its steady state, by synthesis of the enzyme. However, if a 'non-key' enzyme in a metabolic sequence were destroyed, then the cell would respond to the failure of metabolites to flow down the pathway by activation of the 'key' enzyme. This active step could lead to the accumulation of metabolic intermediates which are normally absent, and lead to cell destruction through the cell's active response (2). It is this kind of step that we must look for in order to explain the long gap in time, both *in vivo* and *in vitro*, between early metabolism and removal of toxins, and the late appearance of cell injury.

Summary

Nutritional state determines the activity of enzyme systems that metabolise pre-toxins to their reactive molecular form. Nutrition also determines the response of cells to assault by reactive molecules. Glutathione reacts with many alkylating molecules, and glutathione levels depend on protein intake.

Anti-oxidants normally prevent the interaction between intracellular oxidising agents and reducing substances. Under pressure of free radical intermediates generated during metabolism of toxins, the anti-oxidant barrier can break down. The extent of breakdown depends on the dietary fat intake which determines lipid composition of membranes.

In vitro and *in vivo* methods must be correlated to investigate the site of action of toxins.

References

1 *Matteis, F. de and Seawright, A.A.:* Oxidative metabolism of carbon disulphide by the rat. Effect of treatments which modify the liver toxicity of carbon disulphide. Chem.-Biol. Interact. (in press, 1973).

2 *Farber, E.; Verbin, R.S., and Liebermann, M.:* Cell suicide and cell death; in *Aldridge* Mechanisms of toxicity, pp. 163–173 (Macmillan, London 1971).

3 *Garner, R.C. and McLean, A.E.M.:* Increased susceptibility to carbon tetrachloride poisoning in the rat after pretreatment with oral phenobarbitone. Biochem. Pharmacol. *18:* 645–650 (1969).

4 *Garner, R.C.; Miller, E.C., and Miller, J.A.:* Liver microsomal metabolism of aflatoxin B_1 to a reactive derivative toxic to *Salmonella typhimurium.* Cancer Res. *32:* 2058–2066 (1972).

5 *Judah, J.D.; McLean, A.E.M., and McLean, E.K.:* Biochemical mechanisms of liver injury. Am. J. Med. *49:* 609–616 (1970).

6 *Kelleher, J.; Keaney, N.P.; Walker, B.E., and Losowsky, M.S.:* Paracetamol and the liver. J. Int. Med. Res. *4:* suppl. 4, pp. 138–144 (1976).

7 *Kleihues, P. and Margison, G.P.:* Exhaustion and recovery of repair excision of O^6-methyl guanine from rat liver DNA. Nature, Lond. *259:* 153–155 (1976).

8 *Marshall, W.J. and McLean, A.E.M.:* The effect of oral phenobarbitone on hepatic

microsomal cytochrome P450 and demethylation activity in rats fed normal and low protein diets. Biochem. Pharmacol. *8:* 153–157 (1969).
9 *McLean, A.E.M.:* Conversion of inactive into toxic molecules by the liver; in *Aldridge* Mechanisms of toxicity, pp. 219–228 (MacMillan, London 1971).
10 *McLean, A.E.M. and McLean, E.K.:* The effect of diet and DDT on microsomal hydroxylation and on sensitivity of rats to CCl_4 poisoning. Biochem. J. *100:* 564–571 (1966).
11 *McLean, A.E.M. and Magee, P.N.:* Increased renal carcinogenesis by dimethylnitrosamine in protein-deficient rats. Br. J. exp. Path. *51:* 587–590 (1970).
12 *McLean, A.E.M. and Day, P.A.:* New methods to measure effects of diet and inducers of microsomal enzyme synthesis on cytochrome P450 in liver homogenates and on metabolism of dimethyl nitrosamine. Biochem. Pharmacol. *23:* 1173–1180 (1974).
13 *McLean, E.K.:* The toxic actions of pyrrolizidine (senecio) alkaloids. Pharmacol. Rev. *22:* 29–483 (1970).
14 *Miller, J.A.:* Carcinogenesis by chemicals: an overview. Cancer Res. *30:* 559–576 (1970).
15 *Mitchell, J.R.; Jollow, D.J.; Potter, W.Z.; Davis, D.C.; Gillette, J.R., and Brodie, B.B.:* Acetaminophen-induced hepatic necrosis – the role of drug metabolism. J. Pharmac. exp. Ther. *187:* 185–194 (1973).
16 *Mitchell, J.R.; Jollow, D.J.; Potter, W.Z.; Gillette, J.R., and Brodie, B.B.:* Acetaminophen-induced hepatic necrosis. Protective role of glutathione. J. Pharmac. exp. Ther. *187:* 211–217 (1973).
17 *Peters, R.A.:* The biochemical lesion and lethal synthesis (Macmillan, London 1963).
18 *Recknagel, R.O.:* Carbon tetrachloride hepatotoxicity. Pharmac. Rev. *19:* 145–208 (1967).
19 *Schwarzman, V.; Infante, R.; Raisonnier, A. et Caroli, J.:* Prévention par l'alcool éthylique des lésions hépatiques induites par l'alcool allylique. C.r. Séanc. Soc. Biol. *161:* 2425–2429 (1967).
20 *Swann, P.F. and McLean, A.E.M.:* The effect of a protein-free diet on metabolism of dimethylnitrosamine. Biochem. J. *124:* 283–288 (1971).
21 *White, I.N.H.:* The role of glutathione in the acute toxicity of retrorsine to rats. Chem.-Biol. Interact. *13:* 333–342 (1976).
22 *White, I.N.H. and Mattocks, A.R.:* Reaction of dihydropyrrolizidines with deoxyribonucleic acids *in vitro.* Biochem. J. *128:* 291–297 (1972).

Dr. *A.E.M. McLean,* University College Hospital Medical School, University Street, *London WC1* (England)

Wld Rev. Nutr. Diet., vol. 29, pp. 130–169 (Karger, Basel 1978)

Drug, Toxin, and Nutrient Interactions

Paul M. Newberne, Robert L. Gross and Daphne A. Roe

Department of Nutrition and Food Science, MIT Cambridge, Mass., and Department of Nutritional Sciences, Cornell University, Ithaca, N.Y.

Introduction

Nutrient intakes form a continuous spectrum from deficiencies to excesses and imbalances in quality and quantity, and they influence all living organisms each day. Optimal nutrition requires intakes of all essential nutrients sufficient to meet minimal needs and implies that no substances be ingested in quantities large enough to be detrimental to health. Nutritious food is a mixture of thousands of chemicals, any one of which could be harmful, perhaps fatal, to the consumer if eaten to excess. This holds even for essential nutrients such as zinc, copper, methionine, vitamin A and others. Mammals cannot live without them, but in excess they are toxic.

These suggestions are axiomatic; the subject of this paper moves the question of the toxicity of foods one step further into the realm of the interactions of nutrients, drugs, and chemicals, an area of vital concern to nutritionists, toxicologists, and pharmacologists. Results of recent research have clearly indicated that chemicals and drugs can interact with dietary nutrients in a number of ways. The mechanisms of such interactions is generally poorly understood but the outcome of such encounters determines whether there will be no detectible effect or if an acute or chronic adverse effect will be experienced by the host.

Every day we are bombarded by virtually hundreds of chemicals (drugs, carcinogens, and other potentially hazardous environmental agents). As living organisms, we also take in nutrients on a regularly scheduled daily basis under normal circumstances. That nutrients and chemicals interact in the diet, in the gastrointestinal tract or in the tissues following absorption is not surprising. The fact that most individuals survive despite the real or potential health hazards is a tribute to the remarkable flexibility and resiliency of the mammalian systems which counteract toxic materials. Some of our most potent defenses against noxious chemicals or their interactions are enzymes located in skin, blood, lungs, liver, and kidneys. These enzymes metabolize foreign compounds so that they can be excreted from the body without causing toxic effects.

The drug-metabolizing enzymes, however, do not automatically render drugs and other chemicals harmless. The way the enzymes perform is partially influenced by their genetically determined composition but, in the context of this presentation, an equally important factor which influences enzyme activity is diet and its nutrient content which we can reasonably control (table I). The performance of drug-metabolizing enzymes is also influenced by how many drugs or chemicals present in the body at one time are competing for metabolism.

Although drugs and chemicals can interact with nutrients in a manner which may result in no more than a temporary deletion of that nutrient or nutrients from the diet, more often the interaction or its products results in more serious consequences. Intoxication and various sequelae may ensue, or the process of carcinogenesis may be initiated or promoted. These various areas of concern will be explored in this presentation.

Table I. Effect of experimental diets on hepatic drug-metabolizing enzymes

Diet[1]	Number of rats[2]	Aminopyrine demethylase[3]	*p*-Nitroanisole demethylase[3]	Benzpyrene hydroxylase[3]
1	12	481 ± 55	1,132 ± 74	184 ± 16
2	12	305 ± 23	536 ± 116	99 ± 11
p value[4]		< 0.05	< 0.01	< 0.01

[1] Diet 1, adequate; diet 2, marginally lipotrope-deficient.

[2] Four rats were used for each enzyme assay so the total number examined per diet was 12.

[3] Enzymes were measured in liver homogenate and expressed per gram of dry, fat-free liver. SE Units are: aminopyrine demethylase, μg aminoantipyrine/h; *p*-nitroanisole demethylase, μg nitrophenol/h; benzpyrene hydroxylase, quinine units (*McLean and McLean*, 1966).

[4] Calculated from Student's *t*-test using two-sided probability for diet 1 vs. diet 2. Taken from *Rogers et al.* (151).

Table IIa. Interaction of drugs and diet

I. Metabolic link with certain nutrients		
a) Penicillin, sulfonamides, chloramphenicol + serum albumin → ? block of normal carrier function of proteins		
b) Tetracycline +		
Chelating Effect	→	binding bone Ca^{++}
Isoniazid	→	inhibition of histamine reaction
	→	combines with B_6
c) Chloramphenicol	→ ↓	protein synthesis
d) Penicillin	→	inhibition of histamine destruction
II. Inhibition of bacterial synthesis of vitamins		
Sulfonamides	→ ↓	intestinal bacterial synthesis of folic acid and vitamin K
III. Malabsorption syndrome		
Neomycin	→ ↓	carotene, *D*-xylose, vitamin B_{12}, glucose, cholesterol, ^{131}I-trioleate absorption

Taken from *Aby et al.* (1).

Nutrient and Drug Interactions

A complex relationship exists between nutrition and drugs. Drugs affect nutrient intakes, functions and requirements and, conversely, nutrient intake and nutritional status modify drug metabolism and action. Drugs are added to foods and feeds and nutrients are sometimes used as drugs. The requirements for several vitamins, minerals, and amino acids are affected by various drugs (table II) (23, 27). Inhibition of pyridoxine and folic acid utilization (1, 14, 64) by oral contraceptives is particularly important (table III). The profound effects of alcohol on tissues and on vitamin utilization (26, 157) and the inhibition of iron absorption by antibiotics (62) serve to further illustrate the importance of nutrient-drug interactions (table IV).

Protein quantity (18) and quality (114) modify drug metabolism and toxicity. A number of amino acids decrease ethanol toxicity, apparently through a nonspecific reaction resulting in the formation of amino acid-acetaldehyde complexes (21). The interrelations between drugs and dietary protein no doubt involve many mechanisms, few of which are understood. Trace element deficiencies decrease drug metabolism (18) or modify responses in pharmacological experiments (119).

Table IIb. Interaction of drugs and diet

Drug type		Nutritional effect
Antacids	→	destruction of thiamine
Mineral oil	→	↓ absorption carotene vitamin A
Cation exchange resins	→	↓ Na^+, K^+, Ca^{++}
Anti-metabolites	→	anti-vitamin action on folic acid
Barbiturates, anti-convulsants	→	folic acid deficiency
Corticosteroids	→	↓ glucose tolerance
		↓ muscle protein
		↑ liver fat

Taken from *Aby et al.* (1).

Table III. Classification of drug-induced anemias

I. Due to underproduction

A. Apastic anemia (chloramphenicol, atabrine, gold, etc.)

B. Deficiency anemias

1) Iron (aspirin, corticosteroids)

2) Folate (birth control pills, diphenylhydantoin, pyrimethamine, etc.)

3) Pyridoxine (isoniazid, pyrazinoic acid)

II. Due to increased destruction

A. Enzyme deficiencies (Glc-6-PD, GSH synthetase, GSH peroxidase)

Taken from *Beutler* (14).

Table IV. Effect of various antibiotics on the absorption of $^{59}FeSO_4$

Group	Number of experiments	(A) Mucosal uptake	(B) Remaining in mucosa	(A–B) Mucosal transfer
Control	20	64.8 ± 11.4	27.8 ± 9.3	37.0 ± 9.6
Penicillin, 1,800 mg/kg	5	61.3 ± 13.0	24.1 ± 11.1	37.2 ± 13.0
Chloramphenicol, 400 mg/kg	6	60.9 ± 8.6	25.1 ± 6.1	35.8 ± 10.0
Tetracycline, 400 mg/kg	5	35.8 ± 3.1	18.5 ± 3.0	17.3 ± 3.9

Taken from *Greenberger* (62).

Many biogenic amines consumed in foods, such as cheese, become toxic when monoamine oxidase inhibitor drugs are being taken (113). Catecholamines in brain are markedly affected by quality and quantity of dietary protein (173). These amines in the diet are not usually toxic unless consumed in considerable excess.

Dietary fats modify drug action and toxicity (18, 27, 82). Competitive removal of drugs from anionic binding sites on plasma albumin by free fatty acids increases the pharmacological activity of the displaced drugs (185).

Many drugs occur naturally in a variety of foods (100, 188). Antibiotics and estrogens are used extensively as growth stimulants in animal feeds. Recently, questions about the safety of these have arisen; the possible carcinogenicity of estrogen residues (34, 99) and the development of microbial strains with resistance to a wide variety of antibiotics (73) are important questions. The issue regarding safety of estrogenic compounds relates to the Delaney clause which prohibits carcinogenic residues in food. One viewpoint holds that there must be threshold concentrations for the adverse effects of all chemicals (43) and that animal carcinogenic assays are inappropriate for extrapolation to humans (190). An alternate viewpoint is that in the absence of methods for determination of the thresholds, if any exist for the effects of carcinogens, the prudent course is to ban them from foods until such methods are developed and the statistical thresholds for significant hazard are established (212).

Obviously, the questions which have arisen regarding nutrient and drug interactions are important and complex and require a concerted interdisciplinary approach if they are to be resolved.

Nutrient and Toxin Interactions

There are numerous examples of interactions between nutrients and toxins in the environment and in biological systems. Only a few can be alluded to in this report and to these, taken from the literature, will be added selected examples from research conducted in our own laboratories.

The effects of some toxicants on nutrients may be through antagonisms while other interactions may result in detoxification without actually being involved in the toxicity mechanism (table V) (168). Chelating agents, such as phytates in natural food products, can decrease intestinal absorption and the availability of some trace elements (28, 129). These deletions may, in this manner, result in deranged nutritional status of the host. Calcium, iron, and protein can decrease the toxicity of lead by some poorly understood mechanism (61, 180, 181).

A number of essential trace elements cause health problems when the intake is either too low or too high and the boundaries of these two extremes are

Table V. Effect of protein on pesticide toxicity[1] (LD_{50}, mg)

	Casein content of diet	
	3.5%	26%
Acetylcholinesterase		
Inhibitors		
Parathion	4.86	37.1
Malathion	759	1,401
Carbaryl	89	575
Chlorinated hydrocarbons		
DDT	45[2]	48[2]
Chlordane	137	217
Toxaphene	80	293
Herbicides and fungicides		
Diuron	437	2,390
Captan	480	12,600

[1] Male rats fed for 28 days from weaning on diets of varying casein contents, then given oral dose of pesticide; LD_{50} represents lethal dose for 50% survival of group.
[2] No casein (0%).
Taken from *Shackman* (168).

reasonably well established (78) for some of them. Those elements of most significance in this regard are copper and selenium.

These two essential elements interact in important ways with others including zinc, manganese, iron, fluorine, molybdenum, arsenic, and other toxic heavy metals.

Selenium protects against toxicity from mercury and cadmium (134) as well as the potent hepatotoxin, aflatoxin B (120), as shown in table VI.

Zinc deficiency increases susceptibility to the toxicity of copper, cadmium, and mercury but not to silver (75, 108). The relationship between low zinc/cadmium ratios (161) and atherosclerosis appears to be real and offers an important challenge to nutritionists and toxicologists. The chemical basis for these interactions in copper and zinc deficiency is interpreted as competitive antagonism, but mechanisms are, in fact, unknown.

Protein has detoxifying effects on trace elements (168), pesticides (19), aflatoxins (104, 143), and many other toxicants. Protein quality and methionine content, in particular, are important in the detoxication of pesticides (202). Direct chemical interaction in the intestinal tract seems unlikely as the responsible mechanism, but the availability of dietary protein (amino acids) for

Table VI. Influence of selenium on body weight and mortality of rats exposed to AFB_1

Se content of diet, ppm	Body wt, g[1]		2-week mortality
	initial	2 weeks	
0.03	100 ± 2	208 ± 4	28/29
0.10	104 ± 1	202 ± 3	20/30
1.00	101 ± 2	187 ± 5	7/28
5.00	103 ± 2	190 ± 6	27/29

[1] ± SE. From *Newberne et al.* (120).

synthesis of enzyme proteins involved in *in vivo* binding or metabolism of many different toxicants seem more likely.

Important interactions occur between ascorbic acid and nitrite. High levels of dietary ascorbic acid lower but do not eliminate nitrite potency in the production of methemoglobinemia in guinea pigs (189). Ascorbate in some manner prevents *in vitro* production of carcinogenic *N*-nitroso compounds from nitrite and amines (115); dietary nitrite increases the ascorbic acid requirement of guinea pigs (217) suggesting that, although ascorbic acid is not completely effective in preventing nitrite toxicity, the interaction may be important in the marginal to deficient range of ascorbic acid nutrition. The hazard associated with nitrite in human diets includes the special susceptibility of the infant (213) and perhaps those few individuals consuming inadequate amounts of vitamin C (51).

There are a number of other important metabolic events in which ascorbic acid plays a role. These include metabolism of xenobiotics (215), amino acids (3), and cholesterol (60); although mechanisms for these interactions are not clear, enzyme induction and hydroxylation reactions are candidates (table VII).

Copper deficiency and ascorbic acid have been investigated in our laboratory with interesting results. When copper deficiency was induced in growing rabbits, the addition of ascorbic acid to the diet resulted in lesions in ossification centers in bone and osteoporosis (79). Copper deficiency alone caused a decrease in activity of cytochrome oxidase in the heart (table VIII) and liver; ascorbic acid further depressed the level of the enzyme in the heart, indicating an interaction between copper deficiency and ascorbate.

An additional study (80), using the chick as an animal model, revealed that ascorbic acid, superimposed on a copper deficiency, increased mortality from elastin derangement and aortic dissecting aneurysm associated with a deficit in cytochrome oxidase and diminished total acid mucopolysaccharides in the aorta (table IX).

Table VII. Effect of vitamin C deficiency (10 and 21 days) on drug enzymes and electron transport components in guinea pig liver microsomes

	Activity[1]			
	normal	vitamin C-deficient (10 days)	vitamin C-deficient (21 days)	decrease %
Aniline hydroxylase	1.6 ± 0.2 $p < 0.001$	1.3 ± 0.1	0.8 ± 0.2 $p < 0.001$	50
Aminopyrine-*N*-demethylase	3.9 ± 0.1 $p < 0.001$	3.3 ± 0.4	1.7 ± 0.3 $p < 0.001$	56
p-Nitroanisole-*O*-demethylase	3.2 ± 0.4 $p < 0.001$	3.0 ± 0.2	1.1 ± 0.2 $p < 0.001$	66
Cytochrome P-450	0.05 ± 0.01 $p < 0.01$	0.05 ± 0.001	0.03 ± 0.003 $p < 0.01$	40
NADPH cytochrome P-450 reductase	0.80 ± 0.2	0.87 ± 0.33	< 0.10[2]	85
NADPH cytochrome *c* reductase	124 ± 21 $p < 0.05$	167 ± 20	83 ± 11 $p < 0.05$	33
Cytochrome b_5	0.03 ± 0.004 $p > 0.05$	0.03 ± 0.003	0.02 ± 0.006 $p > 0.05$	33
Liver ascorbic acid supernatant fraction 15,000 g, µg/g wet weight	194 ± 29	62 ± 15	25 ± 15	
Microsomal fraction	11 ± 3.8	6 ± 0.9	3.5 ± 2.0	

[1] Assay conditions and units of activity are given in Materials and Methods.
[2] This value is a lower unit limit of detection. Mean ± SE of 10 animals per group. Taken from *Zannoni et al.* (215).

The pyrrolizidine alkaloid, monocrotaline, is a potent hepatotoxin as well as a liver carcinogen (121, 122). Studies which involved a moderate depletion of available methyl groups in the biologic system resulted in a protection against a single dose of monocrotaline (table X), but not against the primary metabolite. The parent compound was not converted to the metabolite as rapidly when the diet was low in available methyl groups as it was when methyl groups were at a normal level. This association of metabolite and toxicity was correlated with liver cell polysome dissociation. This further was associated with diminished drug-metabolizing enzymes in the liver or fats fed diets low in methyl groups (table XI). These studies clearly indicate an interaction of nutrients and toxins.

Table VIII. Cytochrome oxidase activities in rabbit tissues[4] after 12 weeks on the experimental diets

Diet	Liver	Heart
Control	89.4 ± 2.2	37.9 ± 2.9
Copper-deficient + ascorbic acid	43.1 ± 3.0	11.9 ± 2.1
Copper-deficient	41.3 ± 4.1	29.1 ± 3.1

[1] The values are given as the means for 3 animals ± SE. Each value is the rate constant/min/mg nitrogen (× 10^3 for liver, × 10^2 for heart). From *Hunt et al.* (79).

Table IX. Acid mucopolysaccharides in chick aorta (mean value with their standard errors for 12 samples, each of 5 aortas)

Diet	Total mg/g	Hyaluronic acid %	Chondroitin sulphate group, %
Control	10.95 ± 0.23	11.9 ± 0.5	88.1 ± 0.5
Copper-deficient	13.30 ± 0.37*	6.6 ± 0.4	90.1 ± 0.4
Control + ascorbic acid	9.68 ± 0.26**	13.2 ± 0.8	86.8 ± 0.8
Copper-deficient + ascorbic acid	14.23 ± 0.33***	11.3 ± 0.7	88.7 ± 0.7

* Significantly greater than control ($p < 0.001$). ** Significantly less than control ($p < 0.005$). *** Significantly greater than control + ascorbic acid ($p < 0.001$).
From *Hunt et al.* (80).

Table X. LD_{50} for monocrotaline in rats fed control or methyl group-deficient diets

Diet	Number of rats	Dose of monocrotaline mg/kg	LD_{50}	95% confidence interval
Control	40	25–200	66	52–83
Deficient	40	25–200	100	79–126
Control	40	60–90	71	63–80
Deficient	40	90–120	104	93–117

From *Newberne et al.* (121).

Table XI. Effect of diet and hepatotoxins on liver drug-metabolizing enzymes in young rats

Dietary treatment	toxin[1]	Aminopyrine[2] demethylase µg, aminoantipyrine/g/h dry fat-free liver
Control	none	240 ± (197–280)
Control	monocrotaline	159 ± (126–180)
Control	AFB_1	290 ± (242–330)
Low lipotrope	none	63 ± (45–80)
Low lipotrope	monocrotaline	51 ± (40–62)
Low lipotrope	AFB_1	60 ± (46–70)

[1] Monocrotaline administered, 40 mg/kg body weight; AFB_1 in DMSO administered 3 mg/kg body weight. Animals were sacrificed 60–75 min after dosing; water and DMSO in equivalent volumes were given to respective controls.
[2] Average mean values ± range of 3 trials; 2 animals/group.
From *Newberne et al.* (121).

In other studies utilizing lasiocarpine, a chemical relative monocrotaline, we (144) have confirmed that diet can appreciably affect the activity of liver drug-metabolizing (microsomal) enzymes (table XII) which, in turn, correlated in a positive way with mortality with yet another liver toxin (table XIII). Nutrients can indeed influence capacity for and direction of metabolic disposition of a chemical and its effect on the biologic system.

The environment is clouded with many factors which can have profound effects on biologic systems. Over the last three decades, a body of knowledge has developed which clearly indicates that environmental lighting exerts a major influence on the welfare of man and animals (178, 186). It is now apparent that real and potential injury from direct or indirect effects of light on living organisms as well as beneficial effects derived from light require intensive research.

The well-known chemical effects of light on man include a feeling of elation, a stimulation of biological functions, easier breathing, less postnasal drip and a cessation or decrease in intensity of aching in joints (40). Studies have shown that even a brief exposure to a light bath can result in a feeling of euphoria, physical fatigue, and sound sleep (41). A recent, dramatic therapeutic use of light is to decrease plasma bilirubin concentrations in jaundiced premature babies; this has largely eliminated exchange transfusions (table XIV) (101).

Investigations into the effects of light have been stimulated by the growing awareness that certain drugs induce photosensitivity (53). The list of drugs with such side effects grows yearly and now includes some tetracyclines, sulfon-

Table XII. Effect of experimental diets on hepatic lipid and aminopyrine demethylation

Diet[1]	Number of rats	Total hepatic lipid % of wet weight ± SE	Aminopyrine demethylase[2]
1	24	8.8 ± 0.3	394 ± 59
2[3]	24	10.9 ± 0.5[4]	284 ± 33[5]
3	4	9.3 ± 0.2	376 ± 120
4[3]	4	21.8 ± 3.7[4]	238 ± 91

[1] Rats fed diet 1 or 2 were sacrificed after 2–12 weeks. There was no consistent change in enzyme or lipid levels within either group over that period. Rats fed diet 3 or 4 were sacrificed after 2 or 3 weeks.
[2] Enzyme values are expressed as micrograms of aminoantipyrine produced per gram of dry, fat-free liver per hour ± SE.
[3] Diets 2 and 4 low in lipotropes.
[4] Difference from diet 1 gives $p < 0.02$.
[5] Difference from diet 1 gives $p = 0.06$.
Taken from *Rogers and Newberne* (144).

amides, diuretics, hypoglycemic agents, and tranquilizers (table XV) (4). Artificial sweeteners have also been scrutinized as possible photosensitizers (214). Furthermore, some of our essential dietary ingredients (carotene, riboflavin, and ascorbic acid) are photosensitizers (171) and others may sometimes protect against photosensitization (107).

Our previous studies showed clearly that dietary modification can alter the response of animals to aflatoxin and monocrotaline. Rats fed diets that were marginal in some liptropes were more resistant to the toxic effects of the compounds but more sensitive to the carcinogenic effects (121, 145). Marginal amounts of vitamin A greatly decreased liver concentration of vitamin A and resulted in colon carcinomas as well as the expected liver cancer when rats were exposed to low levels of aflatoxin (table XVI) (124).

We have studied the effects of diet and light on the toxicity of two potent hepatotoxic carcinogens, aflatoxin (123) and monocrotaline (122, 125), one of microbial origin and the other a phytotoxin. Aflatoxin is light-sensitive and absorbs light maximally at 363 nm. The products of its photochemical breakdown are not well understood nor are the toxic and carcinogenic products of its metabolic breakdown in the liver. More is known about the metabolic products of monocrotaline and information relative to the mechanism of action is now emerging (174, 207).

In studies designed to determine effects of light on the toxicity of aflatoxin B_1 (AFB_1) and monocrotaline (125), as well as the interactions which might

Table XIII. Acute toxicity of lasiocarpine in rats fed adequate or methyl group-deficient diets

Diet	Number of rats	Mortality, %	p value
Lasiocarpine 110 mg/kg			
Control	18	56	0.01
Deficient	14	7	
Control	8	75	0.01
Deficient	8	0	
Lasiocarpine 150 mg/kg			
Control	10	80	> 0.05
Deficient	14	36	
Control	4	100	> 0.05
Deficient	4	50	

From *Rogers and Newberne* (144).

Table XIV. Effect of phototherapy on hyperbilirubinemia of prematurity

Serum bilirubin mg/100 ml	Control (n = 58) mean ± SD	Light treatment (n = 58) mean ± SD
First day	4.2 ± 1.8	3.4 ± 1.2
Second day	8.3 ± 2.9	5.4 ± 1.4
Fourth day	11.7 ± 4.6	5.6 ± 1.8
Sixth day	8.2 ± 4.2	5.3 ± 2.0

Taken from *Lucey et al.* (101).

exist among and between these environmental factors, we fed Sprague-Dawley weanling male rats either a control diet or one marginal in lipotropes for 2 weeks. They were then dosed intragastrically with riboflavin or carotene (at ten times the daily National Research Council requirement) and 30 min later were given an LD_{50} of either monocrotaline (70 mg/kg) or aflatoxin (7 mg/kg). Half of them were then exposed for 2 h to radiation from a long-arc xenon source and filter combination having a spectral distribution in the ultraviolet and visible ranges closely approximating the 6,000 °K phase of natural light. The rats, located 1.5 m from the source, were at an illumination level of about 2,750 ft-c as measured by a Spectra Model FC-200 illumination meter. This corresponds to an irradience level of approximately 16 mW/cm (23). After exposure to the light,

Table XV. Photosensitivity in man associated with selected chemicals

Chemical agent	Clinical uses	Clinical observations as reported	Wavelengths		
			action spectrum nm	activa-tion nm	fluores-cence nm
Sulfonamides					
Sulfathiazole		delayed papular,	Short-wave		
Sulfadiazine		urticarial reactions	ultraviolet		
			290–320		
Para-aminobenzoic acid	sunscreen	exaggerated sunburn			
Sulfonylurea	hypoglycemic agent	exaggerated sunburn			
Tolbutamide (Orinase)				290	340
Chlorpropamide (Diabinase)				290	340
Chlorothiazides	diuretic,	papular eruption	275–310	250	405
Chlorothiazide (Diuril)	antihypertensive agent	edematous eruption		310	
Hydrochlorothiazide		plaques			
(Hydrodiuril)				350	
Phenothiazines	tranquilizer, nematode	'phototoxic and	< 310		
Chlorpromazine (Largactil,	infestation, urinary	photoallergic',			
Megaphen)	antiseptic, insecticide,	exaggerated sunburn,			
Thorazine hydrochloride	antihistamine	macula-papular,		290	440
Compazine		urticarial eruptions		340	
				305	425

Antibiotics					
Demethylchlorotetracycline (Declomycin)	broad spectrum antibiotic	exaggerated sunburn	275–310	300	355 425
Chlorotetracycline (Aureomycin)				290	555 345
Furocoumarins	vitiligo	potentiate sunburn			
8-Methoxypsoralen (Oxypsoralen, Methoxsalen, Xanthotoxin, Ammoidin)	sun tolerance increased pigment formation		long-wave ultraviolet 360	280 360	460
Psoralen				270	435
Coal tar (pitch, Lianthal) Benzene Toluene Xylene	therapeutic agent in diseases such as psoriasis, chronic eczema		long-wave ultraviolet and visible light 340–430		
Agents derived from Umbelliferae Parsnip, fennel, dill, parsley, carrots, masterwort, celery, *Ammi majus,* Angelica species, coriander	substances related to furocoumarins used as spices, ancient herbal remedies, in vitiligo	potentiate sunburn with residual pigmentation	long-wave ultraviolet light > 320		
Rutaceae Common rue, gas plant, lime bergamot, lime and other species of citrus family	substances related to furocoumarins used in perfumes and flavorings		long-wave ultraviolet > 320		

Taken from *Fitzpatrick et al.* (53).

Table XVI. Liver and colon tumors in rats fed AFB_1 and various levels of vitamin A

	Sex	Liver	Colon	Both	Liver only	Colon only
Control						
3.0 μg/g RA + AFB_1	M	21/24	1/24	1/24	20/24	0/24
3.0 μg/g RA + AFB_1	F	19/24	2/24	2/24	17/24	0/24
Low vitamin A						
0.3 μg/g RA + AFB_1	M	59/66	19/66	17/66	41/66	2/66
0.3 μg/g RA + AFB_1	F	32/42	12/42	5/42	27/42	7/42
High vitamin A						
30.0 μg/g RA + AFB_1	M	24/26	2/26	2/26	22/26	2/26
30.0 μg/g RA + AFB_1	F	26/31	3/31	2/31	24/31	1/31

From *Newberne and Rogers* (124).

the rats were returned to standard housing and fed their respective diets for 14 days. An autopsy was performed on all animals that died during the 14-day period and on all survivors, and their tissues were evaluated for histopathologic changes.

The effects of diet, light, and riboflavin on monocrotaline toxicity are summarized in table XVII. The diet low in lipotropes (methyl groups) protected against the toxicity of the chemical and this protection was further enhanced by exposure to light; riboflavin did not have any detectable effect in any of the groups.

Table XVIII indicates that, in contrast to monocrotaline, light exposure enhanced the toxicity of AFB_1. Moreover, riboflavin further increased toxicity acting synergistically with light. The lipotrope deficiency protected against aflatoxin toxicity, similar to that observed with monocrotaline.

These studies illustrate the interesting, important, but complex nature of interactions of nutrients, toxicants, and other environmental factors and acute response of biological systems to such changes. Chronic response to similar stress will be described later.

There are a number of mechanisms which might be involved in the above noted response. The low lipotrope diet results in diminished resting levels of some of the liver drug-metabolizing enzymes (table XIX). Furthermore, these enzymes do not induce readily, or not at all, in deprived animals exposed to such well-known inducers as AFB_1. These observations suggest that the spectrum of metabolic products can be modified by diet and perhaps light energy and that by changing metabolism of the parent compound, different effects are elicited from the biological system. In other studies (146), we have observed a decreased clearance of carcinogen from the blood of animals fed low lipotrope diets but,

Table XVII. Riboflavin, artificial sunlight and toxicity of monocrotaline in rats

Dietary treatment		Chemical treatment	Light exposure	Mortality (cumulative)				
control	low lipotrope			24 h	48 h	72 h	1 week	2 weeks
+		monocrotaline	–	2/40	2/40	5/40	12/40	21/40
+		monocrotaline	+	1/38	3/38	3/38	3/38	12/38
+		monocrotaline and riboflavin	–	1/40	3/40	7/40	10/40	19/40
+		monocrotaline and riboflavin	+	3/39	3/39	6/39	10/39	11/39
	+	monocrotaline	–	0/40	3/40	4/40	5/40	8/40
	+	monocrotaline	+	0/40	0/40	1/40	1/40	3/40
	+	monocrotaline and riboflavin	–	1/40	2/40	4/40	6/40	10/40
	+	monocrotaline and riboflavin	+	0/40	1/40	2/40	3/40	5/40

From *Newberne et al.* (125).

Table XVIII. Riboflavin, artificial sunlight and toxicity of AFB_1 in rats

Dietary treatment		Chemical treatment	Light exposure	Mortality (cumulative)				
control	low lipotrope			24 h	48 h	72 h	1 week	2 weeks
+		aflatoxin	–	0/40	2/40	5/40	12/40	18/40
+		aflatoxin	+	2/40	7/40	9/40	16/40	23/40
+		aflatoxin and riboflavin	–	1/40	2/40	5/40	16/40	20/40
+		aflatoxin and riboflavin	+	4/40	8/40	12/40	19/40	30/40
	+	aflatoxin	–	0/39	0/39	1/39	5/39	8/39
	+	aflatoxin	+	2/40	4/40	5/40	8/40	14/40
	+	aflatoxin and riboflavin	–	0/38	5/38	6/38	9/38	12/38
	+	aflatoxin and riboflavin	+	3/40	7/40	10/40	13/40	17/40

From *Newberne et al.* (125).

Table XIX. AFB_1 and microsomal enzyme systems of the liver of rats fed an adequate or a lipotrope-deficient diet

Treatment	Number of rats	Aminopyrine demethylase	*p*-Nitroanisole demethylase	Benzpyrene hydroxylase
Control diet				
DMSO	3	284 ± 6	1,423 ± 58	147 ± 15
AFB_1, 125 μg	3	460 ± 122	1,684 ± 34	60 ± 5
Low lipotrope diet				
DMSO	3	220 ± 13	1,147 ± 77	36 ± 9
AFB_1, 125 μg	3	217 ± 37	1,274 ± 79	35 ± 4
Control diet				
DMSO	3	228 ± 8	1,148 ± 11	201 ± 15
AFB_1, 350 μg	3	650 ± 109	1,535 ± 51	100 ± 18
Low lipotrope diet				
DMSO	3	156 ± 47	863 ± 108	69 ± 10
AFB_1, 350 μg	2	154	944	47

Data compiled from *Newberne and Rogers* (124).

interestingly, a marked increase in DNA synthesis in the liver of such animals (124).

This brief review of only a few examples of important toxin and nutrient interactions which can appreciably modify the response of the host clearly serves to illustrate the significance of and critical need for research in this newly emerging area of biology.

Nutrients and Carcinogenesis

Diet, including both nutrient and nonnutrient dietary components, can affect the incidence, number, size, site, latent period, and histologic types of tumors induced in experimental animals, and may be responsible for the epidemiologic characteristics of many human tumors. Preventing cancer or increasing the lag time of tumor development by dietary alterations is one of the major goals of research programs in nutrition and cancer. Such programs were now being expanded by the National Institutes of Health and other public and private agencies which support biomedical research. People are exposed to carcinogenic chemicals by inhalation, ingestion or by skin contact; they may also be exposed to carcinogenic chemicals or irradiation for therapeutic purposes or by their own choice in smoking tobacco or by sunbathing. Some exposures can be decreased or eliminated but zero exposure is not possible and is not a viable scientific goal. For these reasons, definition of general principles which govern biological responses to carcinogens is important since through such knowledge we may be able to modify responses.

Nutritive status and specific dietary intake significantly modify response to carcinogens; immunologic and endocrine status, as well as age, also change response to carcinogens. The interactions of these modifiers of carcinogenesis with each other and with carcinogen-exposed tissues contribute to determine the outcome of carcinogen exposure.

Exposures to therapeutic agents which are carcinogenic will likely increase. These include X-irradiation and many chemotherapeutic agents used in treatment of cancer. The number of such drugs is expanding rapidly in size and use. Exploitation of the special case of interaction between antifolate drugs and citrovorum factor in reducing toxicity of the drugs is an example of nutrient manipulation to influence drug effects. Therapeutic agents which cause or are suspected of causing cancer in man or animals are listed in table XX.

Identification of chemicals carcinogenic for people is complex and much of the evidence used is derived from studies on experimental animals or from human industrial exposures. In table XX, the only compounds listed without question as human carcinogens are drugs used in chemotherapy of cancer, steroid hormones, and arsenic.

The antitumor drugs are used in situations in which the benefit outweighs the risk of inducing a second cancer; studies of dietary influences on their activity may yield methods of decreasing the risks attendant on their use. Steroid hormones are used in many different situations. The risks of tumor induction increase with duration of exposure; manipulation of dosage schedules and possible dietary alterations may reduce the risks, but the use of these compounds for long periods of time must be regarded as unsafe and should be restricted to conditions for which no other treatment is available. Arsenicals pose a problem in industrial pollution but are no longer significant in therapeutics.

A few therapeutic agents in addition to ones listed in table XX may be co-carcinogenic under certain conditions. Immunosuppressive agents such as anti-lymphocyte globulin (ALG), the folate antimetabolite, methotrexate, and corticosteroids probably contribute to the increased cancer incidence in recipients of organ grafts (77). ALG increased hepatic vascular tumors in rats treated with azoxymethane (89); it enhanced metastasis of transplanted tumors (83). There is conflicting data on its effect on development of spontaneous lymphoreticular tumors in mice (10, 22). Methotrexate enhanced tumor induction by 7,10-dimethylbenzanthracene (DMBA) in hamsters and has been associated with appearance of tumors at several organ sites in humans, but the

Table XX. Therapeutic agents associated with cancer in man and animals

Agent	Carcinogenic in		References
	species	organ	
Anti-tumor agents			
Adriamycin	rat	mammary gland	(71, 72)
Azothioprine	human	hematopoetic	(73)
		lymphoreticular	(74, 75)
	rat	Zymbal's gland	(76)
Chlorambucil	human	hematopoetic	(77)
	rat	lymphoreticular	(78)
	mouse	lymphoreticular	(78)
		lung	(78)
		ovary	(78)
Cyclophosphamide	human	lymphoreticular	(79)
		hematopoetic	(80)
		urinary bladder	(81)
	rat	mammary gland	(78)
	mouse	lymphoreticular	(82)
Daunomycin	rat	mammary gland	(71, 72)
5-(3,3-Dimethyl-1-triazeno)-imidazole-4-carbonamide (DTIC)	rat	lymphoreticular, uterus, mammary gland	(83)
Melphalan	human	hematopoetic	(74, 79, 84, 85)
	rat	connective tissue	(78)
	mouse	lymphoreticular, lung	(78)
Procarbazine	nonhuman primate	hematopoetic	(86)
	rat	hematopoetic, lymphoreticular	(87, 88)
		mammary gland	(78)
	mouse	hematopoetic	(88)
		lung, kidney, uterus	(78)
Streptozotocin	rat	kidney	(89, 90)
		liver	(91)
		pancreas, muscle	(78)
	mouse	lung, kidney, uterus	(78)
Thiotepa	human	hematopoetic	(79, 157)
X-Irradiation	human	lymphoreticular, hematopoetic	(79, 93)
		thyroid, vascular, bone	(94)
	mouse	lymphoreticular, uterus, lung, Harderian gland, gastrointestinal tract, thyroid, meninges	(95)
Steroid hormones			
Estrogens	human	uterus	(96, 97)
		vagina	(98, 99)
		liver	(100, 101)

Table XX (continued)

Agent	Carcinogenic in		References
	species	organ	
	rat	mammary gland, uterus, pituitary	(102, 103)
	mouse	mammary gland	(104)
		uterus, cervix, testis, pituitary, lymphoreticular	(103, 105)
	hamster	kidney	(106)
Androgens	human	liver	(107, 108)
	mouse	liver	(109)
Agents active in nervous systems[1]			
Amphetamine*	human	lymphoreticular	(110)
Dibenamine	rat	connective tissue, gastrointestinal tract	(78)
Diphenylhydantoin*	human	lymphoreticular	(111–113)
	mouse	lymphoreticular	(114)
L-Dopa*	human	melanocyte	(115)
Phenacetin*	human	kidney	(116)
Phenobarbital	mouse	liver	(117, 118)
Reserpine*	human	mammary gland	(99, 119–123)
Antibacterial, antiparasitic agents			
Chloramphenicol	human	hematopoetic	(124, 125)
Isonicotinic acid	human	bladder	(126, 127)
Hydrazide	rat	anus	(128)
	mouse	lung	(128, 129)
Nitrofurans	rat	urinary bladder, kidney, mammary gland, forestomach, lung, lymphoreticular, vasculature	(130)
	mouse	urinary bladder, forestomach, lymphoreticular	(124)
	hamster	urinary bladder, kidney forestomach, adrenal	(131)
5-Nitroimidazole	mouse	lymphoreticular, lung	(132)
For treatment of dermatologic diseases			
Arsenic	human	skin	(133)
		vascular	(134)
		lung	(135, 136)
Coal tar ointments*	human	skin	(137)
		gastrointestinal tract	(138–140)
Solar irradiation	human	skin	(93, 141, 142)
	mouse	skin	(143–145)

[1] Both positive and negative reports with respect to carcinogenicity in people are reported for those with an asterisk.

evidence is not extensive (8, 172). Allopurinol was co-carcinogenic in rat bladder (198).

In experimental animals, sex determines both potency and site of action of many carcinogenic chemicals; e.g. *N*-2-fluorenyl-acetamide (AAF) and AFB_1. Ovarian hormones and prolactin are required for induction of mammary tumors in rats by DMBA, but the ovarian hormones also can be anticarcinogenic if administered exogenously (95, 126). Since phenothiazines stimulate prolactin release, they may be of some significance in breast cancer (77).

A third category of therapeutic agents which may be of concern in carcinogenesis is composed of amines which can be nitrosated in the stomach or other tissues to form carcinogenic nitrosamines (210, 211). Agents in this group have varied and extensive use and include chlorpromazine, oxytetracycline, and ephedrine.

Evidence for carcinogenicity of antitumor drugs in people is derived largely from reports of patients treated for lymphoreticular tumors and who subsequently developed myelocytic or lymphocytic leukemia. The possibility exists that development of the second tumor is part of the natural course of lymphoreticular malignancy in people whose life span is lengthened by chemotherapy, but azathioprine, cyclophosphamide, melphalan, thiotepa, and X-irradiation have also been associated with tumor induction in people treated for both nonmalignant diseases and tumors at sites other than the lymphoreticular system. In addition, the compounds have been associated with an increased incidence of tumors at sites other than the lymphoreticular or hematopoetic systems (63, 77, 91, 110, 156, 175, 176, 193, 197). Animal studies support the evidence for carcinogenicity of this group of agents (table XX).

The relationship between cell proliferation, susceptibility to carcinogens, and nutrients is important with these agents since their cytotoxicity is related to cell proliferation. Growth and cell division of normal tissues and tumors is decreased in animals chronically underfed an inadequate diet and cell division in normal tissues can be virtually abolished temporarily by starvation (102). Tumor induction and growth may be either enhanced or decreased in animals fed diets inadequate or excessive in specific nutrients. Such diets may induce cell division in normal tissues and thereby enhance their susceptibility to chemical carcinogenesis.

Rats fed a high fat diet that is marginally deficient in lipotropes (choline, methionine, and folic acid) and certain amino acids grow normally, except for a small lag in the first 4–6 weeks after weaning, and later may weigh more than rats fed an adequate diet. These deprived animals are more susceptible to both chronic toxicity and carcinogenicity of many different chemicals, particularly AFB_1 and other chemicals which are carcinogenic for the liver (147–149). The deficiency stimulates DNA synthesis and cell division in hepatocytes (124, 150) which in itself enhances carcinogenesis by azobenzenes and nitroso compounds but not by AFB_1 (37, 150). Another example is hypervitaminosis A which increases cell division in hamster cheek epithelium and increases tumor induction by DMBA at that site.

Dietary effect on metabolic activation or excretion is important with this class of carcinogens. Many nutrients influence the activity of hepatic and other tissue enzymes responsible for metabolism of foreign chemicals (24) and a number of nonnutrient food components can also induce activity of the enzymes (200). The complexity of metabolic pathways and, for the most part, lack of knowledge of the active forms of drugs and other chemicals is such that the effect on carcinogenesis of dietary manipulation of enzyme activity cannot be predicted if cytotoxic and carcinogenic metabolites are different. Dietary manipulation might be useful in favoring formation of cytotoxic, instead of carcinogenic, metabolites. Compounds, such as streptozotocin, which undergo extensive metabolism to several different metabolites (9, 65, 162), may yield to this approach to reduction of carcinogenic hazard.

Streptozotocin depletes tissues of NAD and several studies of interactions between nicotinamide and streptozotocin have been performed. The effect of nicotinamide is apparently exerted through repletion of tissue NAD-NADP (65, 162). Elucidation of the effects of niacin supplementation on streptozotocin metabolism, carcinogenicity, and antitumor activity should be of great interest and may increase its usefulness by decreasing the carcinogenic and toxic hazards of its use. The usefulness of adriamycin, another antitumor antibiotic, which is metabolized to several compounds varying in toxicity (7), might be enhanced by dietary manipulation of metabolism.

The ability to block toxicity of methotrexate in normal tissues by administration of folate without blocking completely its toxicity to tumors gives hope that other tissue-tumor differences can be found and used.

Nitrosamine and hydrazine carcinogens serve as useful models for exploration of dietary effects on alkylating chemotherapeutic agents. Nitrosamine carcinogenesis is enhanced in liver by liptrope deficiency and in kidney by protein deficiency, but tumor induction in other organs; e.g. lung and urinary bladder, is not affected (68, 147, 149). Both *N*-nitrosodiethylamine (DENA) and *N*-nitrosodibutylamine (DBN) are significantly more hepatocarcinogenic in lipotrope-deficient rats; DENA is more carcinogenic for the esophagus as well if given in high, but not low, dosage. DBN induces a high incidence of tumors in lung and bladder of both control and deficient rats despite the enhancement of hepatocarcinoma induction in deficient rats. Liver cells are highly sensitive to the deficiency, and the decreased microsomal oxidase activity that it induces may be responsible for alteration of carcinogenesis at that site (151).

The demonstration that DENA induces tissue folate deficiency in the presence of adequate dietary folate (137) suggests that specific cellular defects in 1-carbon metabolism may contribute to the dietary effect (table XXI).

Table XXI. The effects of dietary folate and methionine on the hepatic folate levels of pair-fed normal and diethylnitrosamine-treated rats

Group	Liver wt, g	Hepatic folate, μg/g	
		without conjugase	with conjugase
Control	7.5 ± 0.7[1]	9.2 ± 0.7[1]	27.9 ± 1.1[1]
+ diethylnitrosamine	4.9 ± 0.3	8.2 ± 1.1	20.0 ± 2.2
Folic acid	6.2 ± 0.1	10.9 ± 1.0	32.5 ± 1.3
+ diethylnitrosamine	5.2 ± 0.2	7.7 ± 0.7	18.2 ± 1.8
Methionine	6.5 ± 0.5	9.1 ± 0.6	33.4 ± 2.7
+ diethylnitrosamine	5.4 ± 0.5	4.8 ± 0.1	29.2 ± 2.9

Following the administration of 0.01% diethylnitrosamine in the drinking water and of 40 ppm folate and 15,000 ppm methionine in the diets of pair-fed rats for 3 weeks, liver folate was determined.
[1] Mean ± SE of 5–6 rats.
Taken from *Poirier and Whitehead* (137).

A hydrazine (1,2-dimethylhydrazine [DMH]) is also a more effective colon carcinogen in lipotrope-deficient rats than in normal rats (table XXII) (152). Interaction between dietary lipid and hydrazine carcinogenesis was reported in DMH-treated rats fed either 5 or 20% corn oil or lard. Rats fed 20% fat had a higher incidence of colon tumors and a greater number of tumors per rat than rats fed 5% fat (152). High fat diets do not consistently enhance DMH carcinogenesis (148, 208).

In other studies of nutrient effects on DMH carcinogenesis, both vitamin A-deficient and hypervitaminotic A rats were exposed to the carcinogen. Vitamin A deficiency induces abnormalities of intestinal mucosa and increases induction of colon tumors by AFB_1 (124). However, DMH colon carcinogenesis is not altered by increased dietary vitamin A and is only slightly, if at all, enhanced by deficiency of the vitamin (153).

Effects of several diet components on tumor induction in mice by X-irradiation have been found and a general result can be stated; i.e. that ingestion of a stock diet protects mice against X-ray carcinogenesis in the lymphoreticular system and uterus compared to ingestion of any of several semisynthetic diets (48). A protective effect of stock diets compared to semisynthetic diets has been observed also in studies of chemical or spontaneous carcinogenesis in rats, mice, and hamsters (154, 183).

Natural and synthetic estrogens are carcinogenic in experimental animals and there is strong epidemiologic evidence that they are carcinogenic in women.

Table XXII. Tumor induction by dimethylhydrazine in normal or lipotrope-deficient rats

Diet	Total DMH mg kg^{-1}	Mortality %	% Rats colon tumor	Number of tumors per tumor-bearing rat colon
Control	300	100	86	2.0
Low lipotrope	300	100	100	3.7
Control	150	80	56	1.1
Low lipotrope	150	68	85	2.6

Taken from *Rogers and Newberne* (152).

Evidence for transplacental carcinogenesis in the vagina by diethylstilbestrol was reported in 1971 (72) and endometrial carcinogenesis in patients with gonadal dysgenesis treated with the same compound in 1972 (39). There have been several more recent reports of increased endometrial carcinoma in women exposed during menopause to one or more estrogen preparations (182, 216). The evidence has promoted publication of several cautionary notes regarding therapeutic use of estrogens (52, 159). Contraceptive estrogen usage by young women has been associated with development of hepatoma in a few cases, an association considered significant because of the rarity of the tumor (46, 128). Breast cancer incidence in users and non-users of estrogens has been studied, but no significant association has been found (195).

In rodents, several different forms of estrogen are carcinogenic for mammary gland, uterus, ovary, and pituitary (49, 96).

Breast cancer is influenced by nutritional and endocrine events which occur relatively early in life. This may be the reason that as yet no significant effect of contraceptive hormone therapy on breast cancer incidence has been found and suggests that no conclusions as to safety can be reached until cohorts of women exposed early in life have been followed for their life span (195). Hormonal and morphologic correlates in the menstrual cycle are established but nutritional effects on them are not known except under conditions of virtual starvation and extreme weight loss (58, 132).

In experimental animals, there is considerable evidence that diet influences mammary tumor induction by chemical carcinogens, e.g. DMBA and AAF, but experimental studies of dietary effects on hormonal induction of mammary or other endocrine-dependent tumors or on hormone secretion, metabolism, and activity are lacking. *Erschoff et al.* (48) presented evidence which suggested that stock diets are protective against estrogen-induced ovarian and uterine tumors in rats when compared to semisynthetic diets. Stock diets protect rats against AAF or DMBA induction of mammary tumors (25, 36). Increasing dietary fat in-

Table XXIII. Sex and strain difference in tumors induced in rats fed adequate (diet 1) or marginally lipotrope-deficient (diet 2) diets containing AAF

Diet	Number of rats	% Rats with carcinoma of		
		mammary gland	liver	Zymbal's gland
Sprague-Dawley female rats				
1	31	65	0	6
2	32	41	0	6
Fischer female rats				
1	25	0	36	8
2	25	8	72	0
Sprague-Dawley male rats				
1	21	0	19	5
2	27	0	41	11

Compiled from *Rogers* (149).

creases the incidence and decreases the latent period for spontaneous mammary tumors in C3H and DBA mice, and obesity in C3H mice overcomes the inhibitory effect on tumor development of castration (177, 201). Severe caloric or protein restriction decreases mammary tumor development in rats and mice and is associated with decreased secretion of estrogen and pituitary hormones. In rats, DMBA mammary carcinogenesis is significantly enhanced by diets high in vegetable fat (25).

Although dietary fat content has been correlated positively with mammary tumor induction by chemical carcinogens in several studies, effects of dietary protein have not been consistent, probably because of variable effects of protein on body growth (25). The quality of protein fed could influence tumor growth and explain differences between stock diets based on vegetable protein and semisynthetic diets based on casein; however, no significant difference is found in the induction of mammary tumors by DMBA between rats fed soy protein and rats fed casein. Dietary supplementation with a single amino acid, arginine, decreases DMBA mammary carcinogenesis in rats without affecting body weight gain. Arginine decreases tumor induction or growth in other model systems as well (192).

The dietary effect of AAF mammary carcinogenesis is less consistent but some retardation of tumor induction occurs in deficient rats. In studies in our laboratory, the addition of beef fat to the control adequate diet sufficient to equal the fat content of the deficient diet retards mammary tumor induction although it increases body weight gain (table XXIII). This suggests that the kind as well as the level of dietary fat may be important.

Agents active in the nervous system have been associated with neoplasia of lymphoreticular, renal and mammary tissue, and in stimulation of growth of malignant melanoma in people. In the cases of amphetamine, diphenylhydantoin, and reserpine, the positive epidemiologic studies have been encountered by comparable negative studies; in the case of phenacetin, epidemiologic evidence is derived primarily from one geographic area in which special conditions of exposure exist and there is no report of its carcinogenicity in general therapeutic usage.

A significant relationship between recent amphetamine use and onset of Hodgkin's disease has been reported (127) in one study, but results by another were negative (17). The two studies were performed in different areas and populations and differed somewhat in methodology.

There are conflicting reports on carcinogenecity of diphenylhydantoin therapy for epilepsy. Autopsy and clinical studies of patients with lymphoma have demonstrated a significant association with diphenylhydantoin exposure (5, 97). However, in 9,136 epileptic patients treated for many years with diphenylhydantoin and phenobarbital, there was no increase in lymphoreticular tumors (30). There was a small increase in liver tumors but it was not statistically significant (17).

Diphenylhydantoin induces lymphoreticular tumors in mice (90); phenobarbital induces hepatic tumors in mice (85, 194). When given simultaneously with either AAF or DENA, phenobarbital decreases the carcinogenicity of both compounds, but if it is given after carcinogen treatment it increases induction of liver tumors (136, 206). Diphenylhydantoin given after AAF treatment does not affect induction of liver tumors.

A recent evaluation of all the evidence about reserpine and human cancer led to the conclusion that the association was unproven and probably not of significance.

Phenacetin is an aromatic amine chemically related to the known carcinogens β-naphthylamine and certain fluorenes, including AAF. It has been associated with tumors of the renal pelvis or urinary bladder in patients who had chronically taken overdoses of compounds which contained caffeine and phenazone in addition to phenacetin (84). The question has been raised of the contribution of caffeine and phenazone to carcinogenicity of phenacetin, but further epidemiologic and experimental studies are required to establish carcinogenicity of the analgesics.

Aromatic amines are carcinogenic for people (56) and experimental animals and dietary effects on their carcinogenicity and metabolism have been studied using AAF as the model compound. AAF is hydroxylated and sulfated in the liver and the sulfate ester of N-OH-AAF is thought to be the proximate hepatic

Table XXIV. Enhancement of AAF bladder tumorigenesis in hamsters by dietary indole

Group	Treatment		Age at onset	Number of animals		Bladder tumors				Total
	AAF	indole or tryptophan		initial	8 months	stage 0	stage 1	stage 2	stage 3	
3	0.06	indole	NB	100	58	6	35	7	0	48 (83)
4	0.06		NB	55	42	5	24	1	0	30 (71)
5	0.06	tryptophan	NB	39	28	5	14	0	0	19 (68)
6	0.06	indole	4 weeks	43	34	3	20	2	2	27 (79)
7		indole	NB	53	30	0	0	0	0	0
8		tryptophan	NB	41	35	0	0	0	0	0
9			NB	46	17	0	0	0	0	0

NB = Newborn; numbers in parentheses = % of animals.
Taken from *Oyasu et al.* (133).

carcinogen; other derivatives may be active in mammary gland and other tissues (42, 203). Rats fed stock diets are protected against AAF carcinogenesis compared to rats fed semisynthetic diets (36). Varying casein levels in the diet do not have a consistent effect; extremely high levels (60%) decrease mammary and hepativ tumor induction in most experiments in female rats. Supplementation of the 60% casein diet with vitamin B_{12} and folate probably enhances mammary tumor induction which is further evidence for a role of 1-carbon metabolism in carcinogenesis. Lipotrope deficiency alters AAF metabolism as indicated by excretion of metabolites in the urine, and this may be the mechanism for altering its carcinogenicity (137).

Urinary tract carcinogenesis by aromatic amines also is susceptible to dietary influence. Induction of bladder tumors is increased by addition of tryptophan or indole to the diet of rats or addition of indole but not tryptophan to the diet of hamsters (table XXIV) (45, 133). Deficiency of vitamin B_6 may enhance bladder tumor induction in rats. The dietary alterations depress food and AAF intake, decrease induction of hepatic tumors and prolong life span rather than having specific metabolic effects. However, bladder tumors are rarely found in rats fed AAF in adequate and balanced diets.

L-Dopa has been associated temporally with activation of malignant melanoma in several patients and the question has been raised of its simulatory effects in the tumor because it is incorporated into melanin (98). It has not been associated with induction of tumors.

The agents discussed in this section are all amines active in the nervous system and, although in most cases their carcinogenicity has not been convincingly established, evidence suggests that some, at least, are weak carcinogens in humans or experimental animals. The possibility of nitrosation of amines with formation of carcinogenic nitrosamines has been raised by several investigators, particularly with respect to drugs (11, 12, 210). The nitrosation product of ephedrine, which is pharmacologically and chemically related to amphetamine, is carcinogenic for mice (211). Nitrosation of many compounds by dietary nitrite may be useful in reducing carcinogenic risks of these compounds. Ascorbic acid reduces nitrosation *in vitro* and *in vivo* (117). Effects of other dietary compounds have not been demonstrated.

The nitrofurans are a large group of antibiotic compounds whose use has been prohibited or severely restricted because of their carcinogenicity in several organs and several animal species (70). Human tumors have not been associated with them. The compounds are useful experimentally in investigation of structure-activity relationships in carcinogenesis and in studies of nutrient effects on bladder carcinogenesis. Vitamin A deficiency enhances tumor induction by a nitrofuran in rats, but hypervitaminosis A is no more protective than adequate dietary vitamin A (33).

Arsenic has been strongly suggested to be carcinogenic in people by association of tumors with agricultural or industrial exposure; carcinogenicity has not been demonstrated in experimental animals (35, 94). As with vinylchloride-induced hepatic angiosarcomas, there may be an enhancement of susceptibility of arsenical carcinogenesis by alcohol intake but dietary influences have not been reported.

Coal tar preparations contain polycyclic aromatic hydrocarbons which are carcinogenic for skin, respiratory tract, gastrointestinal tract and mammary gland in experimental animals. Their importance in industrial, tobacco, and urban air carcinogenesis is great and has been reviewed (56). Therapeutic use of the hydrocarbons occurs in coal tar preparations applied directly to the skin, a route by which the compounds are carcinogenic in experimental animals and have been reported to be carcinogenic in people, but other studies have demonstrated no association (191).

Dietary influences on hydrocarbon carcinogenesis at several sites, including skin, have been extensively studied. High-fat diets enhance hydrocarbon carcinogenesis in skin and mammary gland (25). Vitamin A inhibits hydrocarbon tumor induction in the upper gastrointestinal tract of hamsters and may influence respiratory tract carcinogenesis, but the effects are not consistent (160, 184).

Solar irradiation is associated with squamous carcinoma of the skin in people and less strongly with basal cell tumors and malignant melanoma (47); it is a common association with squamous carcinoma of the face of cattle. Tumor induction in experimental animals can be increased or decreased by administration of photoactive compounds (86). These include polycyclic aromatic hydrocarbons, vitamin A, and riboflavin. Utilization of vitamin A or other carotenoid absorption of UV light may be useful in modifying carcinogenic risks of actinic radiation to the skin or even in enhancing UV breakdown of circulating carcinogens (86, 125). Careful assessment is required because there is some evidence that vitamin A may enhance tumor induction in squamous epithelium (139). Serum riboflavin drops rapidly in animals exposed to UV irradiation; increased riboflavin intake decreases AFB_1 carcinogenicity for the liver in light-exposed but not normal rats (86). Investigation of riboflavin effects on UV carcinogenesis is needed.

Discussion

The interactions of nutrients with drugs and chemicals is a complex area for research and requires an interdisciplinary approach utilizing the expertise of nutritionists, toxicologists, pharmacologists, pathologists, and biochemists. The growing recognition by the public sector that nutrition does more than satisfy hunger suggests that we in the scientific community must move ahead with epidemiologic and basic research studies designed to identify problem areas and to develop knowledge essential to their resolution.

The current situation about effects of drugs on nutrition and the opposite side of the coin, the effects of nutrients on drug metabolism, leaves us in a somewhat uncomfortable position. We cannot doubt that subtle but significant events are constantly in progress in our systems whereby the kinds of interactions that occur between nutrients and chemicals determine our future health and welfare.

The message that emerges from the current food-drug metabolism research, then, is that a diet adequate in proteins, unsaturated fats, vitamins, and minerals is the best way to keep in prime condition, prepared to detoxify toxic compounds. The message is a crucial one since all of us are bombarded with an array of self-imposed, physician-imposed and environment-imposed chemicals and we need all the preventatives against their toxic effects that we can get.

The current preoccupation with food safety overshadows the area of nutrient-chemical interactions, the importance of which, although subtle in many ways, may far outweigh potential or real problems of single chemical contaminants in our food chain.

The great concern of the public in demanding an absolutely safe food supply, free of harmful 'chemicals', is mistaken and misdirected. It is mistaken because the belief that foods can be free of 'chemicals' is false; all foods consist exclusively of chemicals. It is equally mistaken to demand a food supply containing no harmful substances; all substances are toxic in some degree and therefore potentially harmful. As in all other aspects of human life, no absolute safety or security is possible. However, it is important to distinguish between toxicity and actual hazard. A particular food chemical may or may not be hazardous depending on many factors, chiefly the amount ingested. The public concern is misdirected because the more important dangers associated with food consumption are of a different nature. In the Western world today, the chief food hazards probably result from overeating, particularly of foods rich in fats and sugars. The cause of some of the most serious public health problems (obesity, cardiovascular disease, hypertension and dental caries) most certainly have a significant nutritional component that is not in the nature of a deficiency of any essential nutrient or the presence in the food of 'toxic chemicals' in the proper sense; we do not understand these phenomena but interactions of dietary components are no doubt involved.

Assuming that we escape overindulgence, ordinary foods taken in moderate amounts may still be hazardous to a degree because of certain other chemical substances they may contain. These may be added deliberately, introduced unintentionally as a consequence of human activities or an intrinsic part of the plant or animal food material as it was formed in nature. The more dangerous toxicants, from the public health standpoint, are those that act in a slower, more subtle fashion and may therefore not be recognized as being dangerous. Some compounds of this sort have been shown to occur naturally in foods; others probably remain to be discovered. The newly emerging data on the important interactions between drugs, toxicants, and nutrients outlined in this presentation clearly describe an area of enormous potential for the fields of nutrition and toxicology.

References

1 *Ahy, H.E.; Donald, E.A., and Simpson, M.H.W.:* Oral contraceptives and vitamin B_6 metabolism. Am. J. clin. Nutr. *24:* 297–303 (1971).

2 *Andervont, H.B.:* Studies on occurrences of spontaneous hepatomas in mice of strains C3H and CBA. J. natn. Cancer Inst. *11:* 581–592 (1950).

3 Anon: New roles for ascorbic acid. Nutr. Rev. *32:* 53–55 (1974).

4 Anon: Sunlight – tonic or toxic. New Engl. J. Med. *268:* 1253–1254 (1963).

5 *Anthony, J.J.:* Malignant lymphoma associated with hydantoin drugs. Archs Neurol., Chicago *22:* 450–454 (1970).

6 *Armstrong, B.; Stevens, N., and Doll, R.:* Retrospective study of the association between use of rauwolfia derivatives and breast cancer in English women. Lancet *ii:* 672–675 (1974).

7 *Bachur, N.R.:* Adriamycin (NSC-123127) pharmacology. Cancer Chemother. Rep. *6:* 153–158 (1975).

8 *Bailin, P.L.; Jindale, J.P.; Roenigk, H.H., and Hogan, M.D.:* Is methotrexate therapy for psoriasis carcinogenic? J. Am. med. Ass. *232:* 359–362 (1974).

9 *Beal, D.D.; Skibba, J.C.; Croft, W.A.; Cohen, S.M., and Bryan, G.T.:* Carcinogenicity of the antineoplastic agent, 5-(3,3-dimethyl-triazeno)-imidazole-4-carboxmide, and its metabolites in rats. J. natn. Cancer Inst. *54:* 951–957 (1975).

10 *Ben-Yeakor, M.; Meshorer, A., and Haran-Ghera, N.:* Enhancement and retardation of spontaneous reticulum cell neoplasm development in SJL/J mice. J. natn. Cancer Inst. *54:* 443–448 (1975).
11 *Berg, J.W.:* Can nutrition explain the pattern of international epidemiology of hormone-dependent cancers? Cancer Res. *35:* 3345–3350 (1975).
12 *Berg, J.W.:* Diet; in *Fraumeni* Persons at high risk of cancer, an approach to cancer etiology and control (Academic Press, New York 1975).
13 *Bertazzoli, C.; Chieli, T., and Solcia, E.:* Different incidence of breast carcinomas or fibroadenomas in daunomycin or adriamycin-treated rats. Experientia *27:* 1209–1210 (1971).
14 *Beutler, E.:* Drug-induced anemia. Fed. Proc. Fed. Am. Socs exp. Biol. *31:* 141–146 (1972).
15 *Blum, H.F.:* Carcinogenesis by ultraviolet light (Princeton University Press, Princeton 1959).
16 Boston Collaborative Drug Surveillance Program: Reserpine and breast cancer. Lancet *ii:* 669–671 (1974).
17 Boston Collaborative Drug Surveillance Program: Amphetamines and malignant lymphoma. J. Am. med. Ass. *229:* 1462–1463 (1974).
18 *Boyd, E.M.:* Diet and drug toxicity. Clin. Toxicol. *2:* 423–433 (1969).
19 *Boyd, E.M.:* Protein deficiency and pesticide toxicity (Thomas, Springfield 1972).
20 *Boyd, J.T. and Doll, R.:* Gastro-intestinal cancer and the use of liquid paraffin. Br. J. Cancer *8:* 231–237 (1954).
21 *Breglia, R.J.; Ward, C.O., and Jarowski, J.:* Effect of selected amino acids on ethanol toxicity in rats. J. pharm. Sci. *62:* 49–55 (1973).
22 *Burstein, N.A. and Allison, A.C.:* Effect of antilymphocytic serum on the appearance of reticular neoplasms in SJL/J mice. Nature, Lond. *225:* 1139–1140 (1970).
23 *Butterworth, C.E., jr.:* Interactions of nutrients with oral contraceptives and other drugs. J. Am. diet. Ass. *62:* 510–514 (1973).
24 *Campbell, T.C. and Hayes, J.R.:* Role of nutrition in the drug-metabolizing enzyme system. Pharmac. Rev. *26:* 171–197 (1974).
25 *Carroll, K.K.:* Experimental evidence of dietary factors and hormone-dependent cancers. Cancer Res. *35:* 3374–3383 (1975).
26 *Chey, W.Y.:* Alcohol and gastric mucosa. Digestion *7:* 239–251 (1972).
27 *Christakis, G. and Miridjanian, J.:* Diets, drugs and their interrelationships. J. Am. diet. Ass. *52:* 21–24 (1968).
28 *Christopher, J.P.; Hegenauer, J.C., and Saltman, P.D.:* Iron metabolism as a function of chelation; in *Hoekstra, Suttie, Ganther and Mertz* Trace elements metabolism in animals, vol. 2 (University Park Press, Baltimore 1973).
29 *Clark, J.H.:* The effect of long ultraviolet radiation on the development of tumors induced by 20-methycholanthrene. Cancer Res. *24:* 207–210 (1964).
30 *Clemmesen, J.:* Are anticonviulsants oncogenic? Lancet *i:* 705–707 (1974).
31 *Clemmesen, J.:* Phenobarbitone, liver tumors and thorotrast. Lancet *i:* 37–38 (1975).
32 *Cohen, H.J.; Ta-Fu Huang, A., and Durham, T.:* A marker chromosome abnormality. Archs intern. Med. *132:* 440–443 (1973).
33 *Cohen, S.M.; Erturk, E.; Esch, A.M. von; Cronetti, A.J., and Bryan, G.T.:* Carcinogenicity of 5-nitrofurans and related compounds with amino-heterocyclic substituents. J. natn. Cancer Inst. *54:* 841–850 (1975).
34 *Cole, H.H.; Gass, G.H.; Gerrits, J.; Hafs, H.D.; Hale, W.H.; Preston, R.L., and Ulberg, L.C.:* On the safety of estrogenic hormone residues in edible animal products. Bioscience *25:* 19–25 (1975).

35 *Cole, P. and Goldman, M.B.:* Occupation; in *Fraumeni* Persons at high risk of cancer; an approach to cancer etiology and control (Academic Press, New York 1975).
36 *Commoner, B.; Moolum, J.C.; Senturia, B.H., jr., and Jernberg, J.L.:* The effects of 2-acetylaminofluorene and nitrite on free radicals and carcinogenesis in rat liver. Cancer Res. *30:* 2091–2097 (1970).
37 *Craddock, V.M. and Frei, J.V.:* Induction of liver cell adenomata in the rat by a single treatment with *N*-methyl-*N*-nitrosourea given at various times after partial hepatectomy. Br. J. Cancer *30:* 503–511 (1974).
38 *Croft, W.A. and Bryan, G.T.:* Production of urinary bladder carcinomas in male hamsters by *N*-(4-(5-nitro-2-furyl)-2-thiazolyl)formamide, *N*-(4-(5-nitro-2-furyl)-2-thiazolyl)acetamide, or formic acid 2-(4-(5-nitro-2-furyl)2-thiazolyl)hydrazide. J. natn. Cancer Inst. *51:* 941–949 (1973).
39 *Cutler, B.S.; Forber, A.P.; Ingersole, F.M., and Scully, R.E.:* Endometrial carcinoma after stilbestrol therapy in gonadal dysgenesis. New Engl. J. Med. *287:* 628–630 (1972).
40 *Daniels, F., jr.:* Effects of sunlight. J. invest. Derm. *32:* 147–153 (1959).
41 *Day, G.H.:* Subjective effects of general irradiation. Br. J. phys. Med. *18:* 14–16 (1955).
42 *Baun, J.R. de; Miller, E.C., and Miller, J.A.:* *N*-Hydroxy-2-acetylaminofluorenex sulfotransferase: its probable role in carcinogenesis and in protein-(methion-S-yl) binding in rat liver. Cancer Res. *30:* 577–595 (1970).
43 *Dinman, B.D.:* 'Non-concept' of 'no-threshold' chemicals in the environment. Science *175:* 495–497 (1972).
44 *Dunn, T.B. and Green, A.W.:* Cysts of the epididymis, cancer of the cervix, granular cell myoblastoma and other lesions after estrogen injection in newborn mice. J. natn. Cancer Inst. *31:* 425–455 (1963).
45 *Dunning, W.F.; Curtis, M.R., and Maun, M.E.:* The effect of added dietary tryptophan on the occurrence of 2-acetylaminofluorene-induced liver and bladder cancer in rats. Cancer Res. *10:* 454–459 (1950).
46 *Edmondson, H.A.; Henderson, B., and Beton, B.:* Liver-cell adenomas associated with use of oral contraceptives. New Engl. J. Med. *294:* 470–472 (1976).
47 *Emmett, E.A.:* Ultraviolet radiation as a cause of skin tumors. CRC Crit. Rev. Toxic. *1973:* 211–255.
48 *Ershoff, B.H.; Bajawa, G.S.; Field, J.B., and Bavetta, L.A.:* Comparative effects of purified diets and a natural food stock ration on the tumor incidence of mice exposed to multiple sublethal doses of total-body X-irradiation. Cancer Res. *29:* 780–788 (1969).
49 *Ershoff, B.H.:* Effects of diet on pituitary tumor induction by estrogens. Expl Med. Surg. *22:* 28–32 (1964).
50 *Farrell, G.C.; Vren, R.F.; Perkins, K.W.; Joshua, D.E.; Baird, P.J., and Kronenburg, H.:* Androgen-induced hepatoma. Lancet *i:* 430–432 (1975).
51 *Fassett, D.W.:* Nitrates and nitrites; in Toxicants occurring naturally in foods; 2nd ed. (National Academy of Sciences, Washington 1973).
52 Federal Drug Administration: Estrogens and endometrial cancer. FDA Drug Bull. *6:* 18–19 (1976).
53 *Fitzpatrick, T.B.; Pathak, M.A.; Magnus, I., and Curiven, W.L.:* Abnormal reactions of man to light. Am. Rev. Med. *14:* 195–214 (1963).
54 *Frankel, H.H.; Yamomoto, R.S.; Weisburger, E.K., and Weisburger, J.H.:* Chronic toxicity of azathioprine and the effect of the immunosuppressant on liver tumor induction by the carcinogen *N*-hydroxy-*N*-2-fluorenylacetamide. Toxic. appl. Pharmac. *17:* 462–480 (1970).

55 *Fraumeni, J.F. and Miller, R.W.:* Drug-induced cancer. J. natn. Cancer Inst. *48:* 1267–1270 (1972).

56 *Fraumeni, J.F.:* Respiratory carcinogenesis: an epidemiologic appraisal. J. natn. Cancer Inst. *55:* 1039–1046 (1975).

57 *Freeman, R.G.; Hudson, H.T., and Carnes, M.A.:* Ultraviolet wavelength factors in solar radiation and skin cancer. Int. J. Derm. *9:* 232–236 (1970).

58 *Frisch, R.E. and McArthur, J.W.:* Menstrual cycles: fatness as a determinant of minimum weight for height necessary for their maintenance onset. Science *185:* 949–951 (1975).

59 *Gillette, J.R.:* Environmental factors in drug metabolism. Fed. Proc. Fed. Am. Socs exp. Biol. *35:* 1142–1147 (1976).

60 *Ginter, E.; Ondreicka, R.; Bobek, P., and Simko, V.:* The influence of chronic vitamin C deficiency on fatty acid composition of blood serum, liver triglycerides and cholesterol esters in guinea pigs. J. Nutr. *99:* 261–266 (1969).

61 *Goyer, R.A. and Mahaffey, K.R.:* Susceptibility to lead toxocity. Envir. Hlth Perspect. *2:* 73–80 (1972).

62 *Greenberger, N.J.:* Effects of antibiotics and other agents on the intestinal transport of iron. Am. J. clin. Nutr. *26:* 104–112 (1973).

63 *Greenspan, E.M. and Tung, B.G.:* Acute myeloblastic leukemia after cure of ovarian cancer. J. Am. med. Ass. *230:* 418–423 (1974).

64 *Gross, R.L.; Reid, J.V.O.; Newberne, P.M.; Burgess, B.; Marston, R.A., and Hiff, W.:* Depressed cell-mediated immunity in megaloblastic anemia due to folic acid deficiency. Am. J. clin. Nutr. *28:* 225–232 (1975).

65 *Gunnarsson, R.; Berne, C., and Hellerstrom, C.:* Cytotoxic effects of streptozotocin and *N*-nitrosomethylurea on the pancreatic B cells with special regard to the role of nicotinamide-adenine dinucleotide. Biochem. J. *140:* 487–494 (1974).

66 *Hamilton, J.M.; Flake, A.; Slauja, P.G., and Maguire, S.:* Hormonally induced renal neoplasia in the male Syrian hamster and the inhibitory effect of 2-bromo-2-ergocryptine methanesulfonate. J. natn. Cancer Inst. *54:* 1385–1400 (1975).

67 *Hammond, E.C.; Selikoff, I.J., and Robitzek, E.H.:* Isoniazid therapy in relation to later occurrence of cancer in adults and in infants. Br. med. J. *ii:* 792–795 (1967).

68 *Hard, G.C. and Butler, W.H.:* Cellular analysis of renal neoplasia: light microscope study of the development of interstitial lesions induced in the rat kidney by a single carcinogenic dose of DMN. Cancer Res. *30:* 2806–2815 (1970).

69 *Hathcock, J.N.:* in *Hemphill* Trace substances in environmental health, vol. 9 (University of Missouri Press, Columbia 1975).

70 Health, Education and Welfare: Food and Drug Administration Newsletter, March 14 (1976).

71 *Heinonen, O.P.; Shapiro, S.; Tuonimen, L., and Monson, R.R.:* Reserpine use in relation to breast cancer. Lancet *ii:* 675–677 (1974).

72 *Herbst, A.L.; Ulfelder, H., and Poskanzer, D.C.:* Adenocarcinoma of the vagina: association of maternal stilbestrol therapy with tumor appearance in young women. New Engl. J. Med. *284:* 878–881 (1971).

73 *Hewitt, W.L.:* Clinical implications of the presence of drug residues in food. Fed. Proc. Fed. Am. Socs exp. Biol. *34:* 202–204 (1975).

74 *Higginson, J.:* Etiological factors in gastrointestinal cancer in man. J. natn. Cancer Inst. *37:* 527–545 (1966).

75 *Hill, C.H. and Matrone, G.:* Chemical parameters in the study of *in vivo* and *in vitro* interactions of transition elements. Fed. Proc. Fed. Am. Socs exp. Biol. *29:* 1474–1481 (1970).

76 *Hoover, R. and Fraumeni, J.F.:* Drugs in clinical use which cause cancer. J. clin. Pharmacol. *2:* 16–23 (1975).
77 *Hoover, R. and Fraumeni, J.F., jr.:* Drugs; in *Fraumeni* Persons at high risk of cancer; an approach to cancer etiology and control (Academic Press, New York 1975).
78 *Horvath, D.J.:* Trace elements and health; in *Newberne* Trace substances in health: a handbook, part 1 (Dekker, New York 1976).
79 *Hunt, C.E.; Carlton, W.W., and Newberne, P.M.:* Interrelationships between copper deficiency and dietary ascorbic acid in the rabbit. Br. J. Nutr. *24:* 61–69 (1970).
80 *Hunt, C.E.; Landesman, J., and Newberne, P.M.:* Copper deficiency in chicks: effects of ascorbic acid on iron, copper, cytochrome oxidase activity and aortic mucopolysaccharides. Br. J. Nutr. *24:* 607–614 (1970).
81 *Jablox, S.:* Radiation; in *Fraumeri* Persons at high risk of cancer, an approach to cancer etiology and control (Academic Press, New York 1975).
82 *Jain, M.L.; Curtis, B.; Forbes, J., and Krantz, J., jr.:* The effect of fat diet on reserpine-induced depression in mice. Res. Commun. Chem. Path. Pharmacol. *6:* 1091–1096 (1973).
83 *James, S.E. and Salsbury, A.J.:* Facilitation of metastasis by antithymocyte globulin. Cancer Res. *34:* 367–370 (1974).
84 *Johansson, S.; Angervall, L.; Bengtsson, V., and Wahlgvist, L.:* Uroepithelial tumors of the renal pelvis associated with abuse of phenacetin-containing analgesics. Cancer *33:* 743–753 (1974).
85 *Jones, G. and Butler, W.H.:* Morphology of spontaneous and induced neoplasia; in *Butler and Newberne* Mouse hepatic neoplasia (Elsevier, Amsterdam 1975).
86 *Joseph-Bravo, P.I.; Findley, M., and Newberne, P.M.:* Some interactions of light, riboflavin and aflatoxin B_1 *in vivo* and *in vitro*. J. Toxic. Envir. Hlth *1:* 353–376 (1976).
87 *Karchmer, R.K.; Amare, M.; Larsen, W.E.; Mallouk, A.G., and Caldwell, G.G.:* Alkylating agents as leukemogens in multiple myeloma. Cancer *33:* 1103–1107 (1974).
88 *Kelly, M.G.; O'Gara, R.W.; Yancey, S.F.; Kumidini, G.; Botkins, C., and Oleverio, V.T.:* Comparative carcinogenicity of *N*-isopropyl-2-(2-methylhydrazine)-*p*-toluamide. Hcc (procarbazine hydrochloride), its degradation products, other hydrazines and isonicotene acid hydrazine. J. natn. Cancer Inst. *42:* 337–344 (1969).
89 *Kroes, R.; Berhrens, J.M., and Weisburger, J.H.:* Immunosuppression in primary liver and colon tumor induction with *N*-hydroxy AAF and azoxymethane. Cancer Res. *35:* 2651–2656 (1975).
90 *Kruger, G.R.F. and Harris, D.:* Is phenytoin carcinogenic? Lancet *ii:* 323 (1972).
91 *Kyle, R.A.; Peirre, R.V., and Bayrd, E.D.:* Primary amyloidosis and acute leukemia associated with melphelan therapy. Blood *44:* 333–337 (1974).
92 *Lander, J.J.; Stanley, R.J.; Summer, H.W.; Boswell, D.C., and Aach, R.D.:* Angiosarcoma of the liver associated with Fowler's solution (potassium arsenite). Gastroenterology *68:* 1582–1586 (1975).
93 *Laska, E.M.; Mesisner, M.; Siegel, C.; Fischer, S., and Wanderling, J.:* Matched-pairs study of reserpine used and breast cancer. Lancet *i:* 296–300 (1975).
94 *Lee, A.M. and Fraumeni, J.F., jr.:* Arsenic and respiratory cancer in man: an occupational study. J. natn. Cancer Inst. *42:* 1045–1052 (1969).
95 *Lemon, H.M.:* Estriol prevention of mammary carcinoma induced by 7,12-dimethylbenzanthracene and procarbazine. Cancer Res. *35:* 1341–1353 (1975).
96 *Leonard, B.J.:* The use of rodents for studies of toxicity in contraceptive research. Meet. Pharmacological Models to Assess Toxicity and Side Effects of Fertility-Regulating Agents, 1973, pp. 34–73.

97 *Li, F.P.; Willard, D.R.; Goodman, R., and Vawter, G.:* Malignant lymphoma after diphenyldantoin (dilantin) therapy. Cancer *36:* 1359–1362 (1975).

98 *Lieberman, A.N. and Shupack, J.L.:* Levodopa and melanoma. Neurology, Minneap. *24:* 340–343 (1974).

99 *Lipsett, M.B.:* Hormones nutrition and cancer. Cancer Res. *35:* 3359–3361 (1975).

100 *Lovenberg, W.:* Some vaso and psychoactive substances in food; amines, stimulants, depressants and hallucinogens; in Toxicants occurring naturally in foods; 2nd ed. (National Academy of Sciences, Washington 1973).

101 *Lucey, J.F.; Ferreiro, M., and Hewitz, J.:* Prevention of hyperbilirubinemia of prematurity by phototherapy. Pediatrics *41:* 1047–1056 (1968).

102 *MacDonald, R.A.; Rogers, A.E., and Pechet, G.S.:* Growth and regeneration of the liver. Ann. N.Y. Acad. Sci. *3:* 70–84 (1963).

103 *Mack, T.M.; Henderson, B.E.; Gerkins, V.R.; Arthur, M.; Baptista, J., and Pike, M.C.:* Reserpine and breast cancer in a retirement community. New Engl. J. Med. *292:* 1366–1367 (1975).

104 *Madhaven, T.V. and Gopolan, C.:* Effect of dietary protein on aflatoxin liver injury in weanling rats. Archs Path. *80:* 123–126 (1965).

105 *Marquardt, H.; Philips, F.S., and Sternberg, S.S.:* Tumorigenicity *in vivo* and induction malignant transformation and mutagenesis in cell cultures by adriamycin and daunomycin. Cancer Res. *36:* 2065–2069 (1976).

106 *Mason, T.J.; McKay, F.W.; Hoover, R.; Blot, W.J., and Fraumeni, J.F., jr.:* Atlas of cancer mortality for US countries: 1950–1969. Natn. Inst. Health. US Dept. of Health, Educ. and Welfare Publ. No. (NIH) 75-780 (1969).

107 *Mathews-Roth, M.M.; Pathak, M.A.; Fitzpatrick, T.B.; Harber, L.C., and Kass, E.H.:* Beta-carotene as a photoprotective agent in erythropoietic protoporphyria. New Engl. J. Med. *282:* 1231–1234 (1970).

108 *Matrone, G.:* Chemical parameters in trace element antagonisms; in *Hoekstra, Suttie, Ganther and Mertz* Trace element metabolism in animals, vol. 2 (University Park Press, Baltimore 1974).

109 *Mauer, S.M.; Lee, C.S.; Najarian, J.S., and Brown, D.M.:* Induction of malignant kidney tumors in rats with streptozotocin. Cancer Res. *34:* 158–160 (1974).

110 *McAdam, L.; Paulers, H.E., and Peter, J.B.:* Adenocarcinoma of the lung during azathoprine therapy. Arthritis Rheum. *17:* 92–94 (1974).

111 *Meadows, A.T.; Naiman, J.L., and Valdes-Dapena, M.:* Hepatoma associated with androgen therapy for aplastic anemia. J. Pediat. *84:* 109–111 (1974).

112 *Miller, E.C. and Miller, J.A.:* Approaches to the mechanisms and control of chemical carcinogenesis. Bertner Found. Award Lecture; in Environment and cancer, 24th Annu. Symp., M.D. Anderson Hospital, Baltimore (Williams & Wilkins, Baltimore 1972).

113 *Milne, A.A.:* Monoamine oxidase inhibitors and pressor amines in foods. Can. Dietet. Ass. J. *34:* 40–50 (1973).

114 *Miranda, C.L. and Webb, R.E.:* Effects of dietary protein quality on drug metabolism in the rat. J. Nutr. *103:* 1425–1430 (1973).

115 *Mirvish, S.S.; Wallcave, L.; Eagen, M., and Shulik, P.:* Ascorbate-nitrite reaction: possible means of blocking the formation of carcinogenic *N*-nitroso compounds. Science *177:* 65–67 (1972).

116 *Mirvish, S.S.:* Kinetics of dimethylamine nitrosation in relation to nitrosamine carcinogenesis. J. natn. Cancer Inst. *44:* 633 (1970).

117 *Mirvish, S.S.:* Blocking the formation of *N*-nitroso compounds with ascorbic acid *in vitro* and *in vivo.* Ann. N.Y. Acad. Sci. *258:* 175–180 (1975).

118 *Morris, J.S.; Schmid, M.; Newman, S.; Scheur, P.J.; Path, M.R.C., and Sherlock, S.:* Arsenic and noncirrhotic portal hypertension. Gastroenterology *64:* 86–94 (1974).
119 *Newberne, P.M.:* Influence on pharmacological experiments of chemicals and other factors in the diets of laboratory animals. Fed. Proc. Fed. Am. Socs exp. Biol. *34:* 209–218 (1975).
120 *Newberne, P.M. and Conner, M.W.:* Effect of selenium on acute response to aflatoxin B_1; in *Hemphill* Trace substances in environmental health, vol. 8 (University of Missouri Press, Columbia 1974).
121 *Newberne, P.M.; Wilson, R., and Rogers, A.E.:* Effect of a low-lipotrope diet on the response of young male rats to the pyrrolizidine alkaloid, monocrotaline. Toxic. appl. Pharmac. *18:* 387–397 (1971).
122 *Newberne, P.M. and Rogers, A.E.:* Nutrition, monocrotaline and aflatoxin B_1 in liver carcinogenesis. Plant Foods Man *1:* 23–31 (1973).
123 *Newberne, P.M.; Rogers, A.E., and Wogan, G.N.:* Hepatorenal lesions in rats fed a low-lipotrope diet and exposed to aflatoxin. J. Nutr. *94:* 331–343 (1968).
124 *Newberne, P.M. and Rogers, A.E.:* Nutritional modulation of carçinogenesis; in *Magee* Fundamentals in cancer prevention (University of Tokyo Press, Tokyo/University Park Press, Baltimore 1976).
125 *Newberne, P.M.; Chan, W.C.M., and Rogers, A.E.:* Influence of light, riboflavin and carotene on the response of rats to the acute toxicity of aflatoxin and monocrotaline. Toxic. appl. Pharmac. *28:* 200–208 (1974).
126 *Newberne, P.M. and Williams, G.:* Inhibition of aflatoxin carcinogenesis by diethylestilbestrol in male rats. Archs envir. Hlth *19:* 489–497 (1969).
127 *Newell, G.R.; Rawlings, W.; Kinnean, B.K., and Correa, P.:* Case control study of Hodgkins disease. I. Results of the interview questionnaire. J. natn. Cancer Inst. *51:* 1437–1441 (1973).
128 *Nissin, E.D.; Kent, F.; Kent, D.R., and Kurland, L.T.:* Liver tumors and oral contraceptives. Obstet. Gynec., N.Y. *46:* 460–467 (1975).
129 *Oberleas, D.:* Phytates; in Toxicants occurring naturally in foods; 2nd ed. (National Academy of Sciences, Washington 1973).
130 *O'Fallon, M.W.; Labarthe, D.R., and Kurland, L.T.:* Rauwolfia derivatives and breast cancer. Lancet *ii:* 292–296 (1975).
131 *O'Gara, R.W.; Adamson, R.H.; Kelly, M.G., and Dalgard, D.W.:* Neoplasms of the hematopoietic system in non-human primates. Report of one spontaneous tumor and two leukemias induced by procarbazine. J. natn. Cancer Inst. *46:* 1121–1130 (1971).
132 *Owen, J.A., jr.:* Physiology of the menstrual cycle. Am. J. clin. Nutr. *28:* 333–338 (1975).
133 *Oyasu, R.; Kitajma, T.; Hopp, M.L., and Sumie, H.:* Enhancement of urinary bladder tumorigenesis in hamsters by administration of 2-acetylaminofluorene and indole. Cancer Res. *32:* 2027–2033 (1972).
134 *Parizels, J.; Kalovskova, J.; Balichy, A.; Benes, J., and Pavlik, L.:* Interactions of selenium with mercury, cadmium and other toxic metals; in *Hoekstra, Suttie, Ganther and Mertz* Trace element metabolism in animals, vol. 2 (University Park Press, Baltimore 1976).
135 *Peacock, A. and Peacock, P.R.:* The results of prolonged administration of isoniazid to mice, rats and hamsters. Br. J. Cancer *20:* 307–325 (1966).
136 *Peranio, C.; Fry, R.J.M.; Staffeldt, E., and Christopher, J.P.:* Comparative enhancing effects of phenobarbital, amobarbital, diphenylhydantain and dichlorodiphenyltrichloroethane on 2-acetylaminofluorene-induced hepatic tumorigenesis in the rat. Cancer Res. *35:* 2884–2890 (1975).

137 *Poirier, L.A. and Whitehead, V.M.:* Folate deficiency and formiminoglutamic acid excretion during chronic dietylnitrosamine administration to rats. Cancer Res. *33:* 383–388 (1973).

138 *Polliack, A. and Levij, I.S.:* The effect of topical vitamin A on papillomas and intraepithelial carcinomas induced in hamsters' cheek pouches with 9,10-dimethyl-1,2-benzanthracene. Cancer Res. *29:* 327–332 (1969).

139 *Polliack, A. and Levij, I.S.:* Increased incidence of carcinoma induced by DMBA in the hamster cheek pouch in response to vitamin A. Nature, Lond. *216:* 187–188 (1967).

140 *Pullinger, B.:* Increase in mammary carcinoma and adenoma incidence and incidence of other tumors in C3HF virgin females after ovariectomy and high dose with some estrogens. Br. J. Cancer *15:* 574–784 (1961).

141 *Rakieten, N.; Gordon, B.S.; Beatty, A.; Cooney, D.A.; Davis, R.D., and Schein, P.S.:* Pancreatic islet cell tumors produced by the combined action of streptozotocin and nicotinamide. Proc. Soc. exp. Biol. Med. *137:* 280–283 (1970).

142 *Reddy, B.S.; Mastromarino, A., and Wynder, E.L.:* Further leads on metabolic epidemiology of large bowel cancer. Cancer Res. *35:* 3403–3406 (1975).

143 *Rogers, A.E. and Newberne, P.M.:* Diet and aflatoxin B_1 toxicity in rats. Toxic. appl. Pharmac. *20:* 113–121 (1971).

144 *Rogers, A.E. and Newberne, P.M.:* Lasiocarpine: factors influencing its toxicity and effects on liver cell division. Toxic. appl. Pharmac. *18:* 356–366 (1971).

145 *Rogers, A.E. and Newberne, P.M.:* Aflatoxin B_1 carcinogenesis in lipotrope-deficient rats. Cancer Res. *29:* 1965–1972 (1969).

146 *Rogers, A.E.; Wishnok, J.S., and Archer, M.C.:* Effect of diet on DEN clearance and carcinogenesis in rats. Br. J. Cancer *31:* 693–695 (1975).

147 *Rogers, A.E.; Sanchez, O.; Feinsod, F.M., and Newberne, P.M.:* Dietary enhancement of nitrosamine carcinogenesis. Cancer Res. *34:* 96–99 (1974).

148 *Rogers, A.E. and Newberne, P.M.:* Dietary effects on chemical carcinogenesis in animal models for colon and liver tumors. Cancer Res. *35:* 3427–3431 (1975).

149 *Rogers, A.E.:* Variable effects of a lipotrope-deficient, high-fat diet on chemical carcinogenesis in rats. Cancer Res. *35:* 2469–2474 (1975).

150 *Rogers, A.E.; Kula, N.S., and Newberne, P.M.:* Absence of an effect of partial hepatectomy on aflatoxin B_1 carcinogenesis. Cancer Res. *31:* 491–495 (1971).

151 *Rogers, A.E. and Newberne, P.M.:* Diet and aflatoxin B_1 toxicity in rats. Toxic. appl. Pharmac. *20:* 113–121 (1971).

152 *Rogers, A.E. and Newberne, P.M.:* Dietary enhancement of intestinal carcinogenesis by dimethylhydrazine in rats. Nature, Lond. *246:* 491–492 (1973).

153 *Rogers, A.E.; Herndon, B.J., and Newberne, P.M.:* Induction by dimethylhydrazine of intestinal carcinoma in normal rats and rats fed with high or low levels of vitamin A. Cancer Res. *33:* 1003–1009 (1973).

154 *Rogers, A.E.:* Effects of dietary factors on heptocarcinogenesis in rats; in *Butler and Newberne* Proc. Conf. on Hepatoma in Rats (Elsevier, Amsterdam, in press).

155 *Rook, A.J.; Gresham, G.A., and Davis, R.A.:* Squamous epithelioma possibly induced by the therapeutic application of tar. Br. J. Cancer *10:* 17–23 (1956).

156 *Rosner, F. and Grunwald, H.:* Multiple myeloma terminating in acute leukemia. Am. J. Med. *37:* 927–939 (1974).

157 *Rubin, E.; Beattie, D.S.; Toth, A., and Lieber, C.S.:* Structural and functional effects of ethanol on hepatic mitochondria. Fed. Proc. Fed. Am. Socs exp. Biol. *31:* 131–140 (1972).

158 *Rustia, M. and Shubik, P.:* Induction of lung tumors and malignant lymphomas in mice by metronidazole. J. natn. Cancer Inst. *48:* 721–729 (1972).

159 *Ryan, K.J.:* Cancer risk and estrogen use in the menopause. New Engl. J. Med. *293:* 1199–1200 (1975).
160 *Saffiotti, U.; Montesano, R.; Sellakumas, A.R., and Borg, S.A.:* Experimental cancer of the lung. Inhibition by vitamin A of the induction of tracheobronchial squamous metaplasia and squamous cell tumors. Cancer *20:* 857–864 (1967).
161 *Sandstead, H.H.:* Cadmium, zinc and lead; in Geochemistry and the environment. I. The relation of selected trace elements to health and disease (Natn. Academy of Sciences, Washington 1974).
162 *Schein, P.S.; Cooney, D.A., and Vernon, M.L.:* The use of nicotinamide to modify the toxicity of streptozotocin diabetes without loss of antitumor activity. Cancer Res. *27:* 2324–2332 (1967).
163 *Schneiderman, M.A.:* Phenobarbitone and liver tumors. Lancet *ii:* 1085 (1974).
164 *Schoental, R.:* Chemical structures and pathological effects of pyrrolizidine alkaloids. Israel J. med. Scis *4:* 1133–1145 (1968).
165 *Schoental, R.:* Pancreatic islet cell and other tumors in rats given heliotrine, a monoester pyrrolizidine alkaloid and nicotinamide. Cancer Res. *35:* 2020–2024 (1975).
166 *Selinger, M. and Koff, R.S.:* Thorotrast and the liver: a reminder. Gastroenterology *68:* 799–803 (1975).
167 *Severi, L. and Biancifeori, C.:* Hepatic carcinogenesis in CBA/cb/se mice and Cb/Se rats by isonicotinic acid hydrazide and hydrazine sulfate. J. natn. Cancer Inst. *41:* 331–349 (1968).
168 *Shackman, R.A.:* Nutritional influences on the toxicity of environmental pollutants. Arch envir. Hlth *28:* 105–113 (1974).
169 *Shank, R.C. and Newberne, P.M.:* Dose-response study of the carcinogenicity of dietary sodium nitrite and morpholine in rats and hamsters. Food Cosmet. Toxicol. *14:* 1–8 (1976).
170 *Shellabarger, C.J. and Soo, V.A.:* Effects of neonatally administered sex steroids on 7,12-dimethylbenz(a)anthracene-induced mammary neoplasia in rats. Cancer Res. *26:* 2218–2224 (1973).
171 *Shin, C.T.; Sciarrone, B.J., and Discher, C.A.:* Effect of certain additives on the photochemistry of riboflavin. J. pharm. Sci. *59:* 297–302 (1970).
172 *Shklar, G.; Cataldo, E., and Fitzgerald, A.L.:* The effect of methotrexate on chemical carcinogenesis of hamster buccal pouch. Cancer Res. *26:* 2218–2224 (1966).
173 *Shoemaker, W.J. and Wurtman, R.J.:* The effect of perinatal undernutrition on the metabolism of catecholamines in the rat brain. J. Nutr. *103:* 1537–1541 (1973).
174 *Shumaker, R.C.; Robertson, K.A.; Hsu, I.C., and Allen, J.R.:* Neoplastic transformation in tissues of rats exposed to monocrotaline or dehydroretrovecine. J. natn. Cancer Inst. *56:* 787–790 (1976).
175 *Sieber, S.M.:* Cancer chemotherapeutic agents and carcinogenesis. Cancer Chemother. Rep. *59:* 915–919 (1975).
176 *Silvergluid, A.J. and Schrier, S.L.:* Acute myelogenous leukemia in two patients treated with azathioprine for nonmalignant diseases. Am. J. Med. *57:* 885–888 (1974).
177 *Silverstone, H. and Tannenbaum, A.:* The effect of the proportion of dietary fat on the rate of formation of mammary carcinoma in mice. Cancer Res. *10:* 448–453 (1950).
178 *Simon, M.I.:* Photosensitization; in *Florkin and Stolz* Photobiology ionizing radiation (Elsevier, Amsterdam 1967).
179 *Sirha, D.; Cooper, D., and Dao, T.L.:* The nature of estrogen and prolactin effect on mammary tumorigenesis. Cancer Res. *33:* 411–414 (1973).
180 *Six, K.M. and Goyer, R.A.:* Experimental enhancement of lead toxicity by low dietary calcium. J. Lab. clin. Med. *76:* 933–942 (1970).

181 *Six, K.M. and Goyer, R.A.:* The influence of iron deficiency on tissue content and toxicity of ingested lead in the rat. J. Lab clin. Med. *79:* 128–136 (1972).

182 *Smith, D.C.; Prentice, R.; Thompson, D.J., and Herrmann, W.L.:* Association of exogenous estrogen and endometrial carcinoma. New Engl. J. Med. *293:* 1164–1167 (1975).

183 *Smith, D.M.; Rogers, A.E., and Newberne, P.M.:* Vitamin A and benzo(a)pyrene carcinogenesis in the respiratory tract of hamsters fed a semisynthetic diet. Cancer Res. *35:* 1485–1488 (1975).

184 *Smith, D.M.; Rogers, A.E.; Herndon, B.J., and Newberne, P.M.:* Vitamin A (retinyl acetate) and benzo(a)pyrene-induced respiratory tract carcinogenesis in hamsters fed a commercial diet. Cancer Res. *35:* 11–16 (1975).

185 *Spector, A.A.; Santos, E.C.; Ashbrook, J.D., and Fletcher, J.E.:* Influence of free fatty acid concentration on drug binding to plasma albumin. Ann. N.Y. Acad. Sci. *226:* 247–258 (1973).

186 *Spikes, J.D.:* Photodynamic action; in *Geise* Photophysiology, vol. 3 (Academic Press, New York 1968).

187 *Steigbigel, R.T.; Kim, H.; Potolsky, A., and Schrier, S.L.:* Acute myeloproliferative disorder following long-term chlorambucil therapy. Archs intern. Med. *134:* 728–731 (1974).

188 *Stob, M.:* Estrogens in foods; in Toxicants occurring naturally in foods; 2nd ed. (Natn. Academy of Sciences, Washington 1973).

189 *Stoewsand, G.S.; Anderson, J.L., and Lee, C.Y.:* Nitrate-induced methemoglobinemia in guinea pigs: influence of diets containing beets with varying amounts of nitrate and the effect of ascorbic acid and methionine. J. Nutr. *103:* 419–424 (1973).

190 *Stokinger, H.E.:* Sanity in research and evaluation of environmental health. Science *174:* 662–665 (1971).

191 *Swanbeck, G. and Hillstrom, L.:* Analysis of etiological factors in squamous cell skin cancer of different locations. 4. Concluding remarks. Acta derm.-vener., Stockh. *57:* 151–155 (1971).

192 *Takeda, Y.; Tominaga, T.; Tei, N.; Kitamura, M.; Taga, S.; Murase, J.; Jaguchi, T., and Miwatani, T.:* Inhibitory effect of *L*-arginine on growth of rat mammary tumors induced by 7,12-dimethylbenz(a)anthracene. Cancer Res. *35:* 2390–2393 (1975).

193 *Tannenbaum, H. and Schur, P.H.:* Development of reticulum cell sarcoma during cyclophosphamide therapy. Arthritis Rheum. *17:* 15–18 (1974).

194 *Thorpe, E. and Walker, A.I.T.:* The toxicity of dieldrin (HEOO*). II. Comparative long-term oral toxicity studies in mice with dieldrin, DDT, pheonbarbitone, BBHC and JBHC. Food Cosmet. Toxicol. *2:* 433–442 (1973).

195 *Vessey, M.P.; Doll, R., and Jones, K.:* Oral contraceptives and breast cancer. Lancet *i:* 941–943 (1975).

196 *Walker, S.E. and Bole, G.G., jr.:* Augmented incidence of neoplasia in NZB/NZW mice treated with long-term cyclophosphamide. J. Lab. clin. Med. *82:* 619–633 (1974).

197 *Wall, R.L. and Clausen, K.P.:* Carcinoma of the urinary bladder in patients receiving cyclophosphamide. New Engl. J. Med. *293:* 271–273 (1975).

198 *Wang, C.Y.; Hayasheda, S.; Pamukcee, A.M., and Beyman, G.T.:* Enhancing effect of allopurinol on the induction of bladder cancer on rats by *m*-(4-(5-nitro-2-furyl)-2-thiazolyl)formamide. Cancer Res. *36:* 1551–1555 (1976).

199 *Warwick, G.P.:* The covalent binding of metabolites of tritiated 2-methyl-4-dimethylaminoazobenzene to rat liver nucleic acids and proteins and the carcinogenicity of the unlabelled compound in partially hepatectomized rats. Eur. J. Cancer *3:* 227–233 (1967).

200 *Wattenburg, L.W.:* Effects of dietary constituents on the metabolism of chemical carcinogens. Cancer Res. *35:* 3326–3331 (1975).
201 *Waxler, S.H. and Leef, M.F.:* Augmentation of mammary tumors in castrated obese C2H mice. Cancer Res. *26:* 860–862 (1966).
202 *Webb, R.W. and Miranda, C.L.:* Effect of the quality of dietary protein on heptachlor toxicity. Food Cosmet. Toxicol. *2:* 63–67 (1973).
203 *Weisburger, J.H.; Yamamoto, R.S.; Williams, G.M.; Grantham, P.H.; Matsushima, T., and Weisburger, E.K.:* On the sulfate ester of *N*-hydroxy-*N*-2-fluorenylacetamide as a key ultimate hepatocarcinogen in the rat. Cancer Res. *32:* 491–500 (1972).
204 *Weisburger, J.H.:* Procarbazine: chemical immunosuppressant also powerful carcinogen. Science *165:* 517 (1969).
205 *Weisburger, J.H.; Griswold, D.P.; Prejean, J.P.; Casey, A.E.; Wood, H.B., and Weisburger, E.K.:* The carcinogenic properties of some of the principal drugs used in clinical cancer chemotherapy. Recent Adv. Cancer Res. *52:* 1–17 (1975).
206 *Weisburger, J.H.; Madison, R.M.; Ward, J.M.; Viguera, C., and Weisburger, E.K.:* Modification of diethylnitrosamine liver carcinogenesis with phenobarbital but not with immunosuppression. J. natn. Cancer Inst. *54:* 1185–1188 (1975).
207 *White, I.N.H. and Mattocks, A.R.:* Some factors affecting the conversion of pyrrolizidine alkaloids to *N*-oxides and to pyrrolic derivatives *in vitro.* Xenobiotica *1:* 503–505 (1971).
208 *Wilson, R.B.; Hutcheson, D.P., and Wideman, L.:* Dimethylhydrazine-induced colon tumors in rats fed diet containing beef fat or corn oil with or without wheat bran. Am. J. clin. Nutr. (in press, 1976).
209 *Winklemann, R.K.; Zollman, P.E., and Baldis, E.J.:* Squamous cell carcinoma produced by ultraviolet light in hairless mice. J. invest. Derm. *40:* 217–220 (1963).
210 *Wogan, G.N.:* Nitrosamines and nitrosamides: environmental occurrence and toxicological significance. Toxicol. appl. Pharmac. *31:* 323–324 (1975).
211 *Wogan, G.N.; Paglialunga, S.; Archer, M.C., and Tannenbaum, S.:* Carcinogenicity of nitrosation products of ephedrine, sarcosine, folic acid and creatinine. Cancer Res. *35:* 1981–1984 (1975).
212 *Wolff, A.H. and Oehme, F.W.:* Carcinogenic chemicals in food as an environmental health issue. J. Am. vet. med. Ass. *164:* 623–629 (1974).
213 *Wolff, I.A. and Wasserman, A.E.:* Nitrates, nitrites and nitrosamines. Science *177:* 15–19 (1972).
214 *Yong, J.M. and Sanderson, K.V.:* Photosensitive dermatitis and renal tubular acidosis after ingestion of calcium cyclamate. Lancet *ii:* 1273–1275 (1969).
215 *Zannoni, V.G.; Flynn, E.J., and Lynch, M.:* Ascorbic acid and drug metabolism. Biochem. Pharmacol. *21:* 1377–1392 (1972).
216 *Ziel, H.K. and Finkle, W.D.:* Increased risk of endometrial carcinoma among users of conjugated estrogens. New Engl. J. Med. *293:* 1167–1170 (1975).
217 *Stoewsand, G.S.; Anderson, J.L., and Lee, G.Y.:* Methemoglobinemia in guinea pigs. Influence of diet containing beets with varying amounts of nitrate and the effect of ascorbic acid and methionine. J. Nutr. *103:* 419–424 (1973).

Dr. *P.M. Newberne,* Massachusetts Institute of Technology, Department of Nutrition and Food Sciences, *Cambridge, MA 02139* (USA)

Wld Rev. Nutr. Diet., vol. 29, pp. 170–177 (Karger, Basel 1978)

L'enquête de consommation dans l'évaluation du risque alimentaire

Marcel Ganzin[1]

Division des Politiques Alimentaires et de la Nutrition, FAO, Rome

Les conférenciers qui m'ont précédé au cours de ce symposium se sont attachés à définir les substances toxiques contenues dans les aliments, leurs relations avec les régimes alimentaires et les diverses transformations qu'elles subissent au niveau du métabolisme. On a également souligné les rôles que peuvent jouer la flore intestinale et les médicaments.

Ces substances présentent un réel danger pour la santé de l'homme si nous ne sommes pas en mesure d'indiquer au consommateur à quel niveau se situent les seuils de toxicité. Cette préoccupation n'est pas récente.

Fermin, médecin à Surinam, rapporte à l'Académie de Berlin en 1754 "qu'ayant distillé à un feu gradué cinquante livres de suc récent de manioc, il a eu l'occasion d'essayer sur un esclave empoisonneur la force terrible de cet esprit. Il en donna à ce malheureux trente-cinq gouttes qui furent à peine descendues dans son estomac qu'il poussa des hurlements affreux et donna le spectacle des contorsions les plus violentes; ce qui fut suivi d'évacuations et de mouvements convulsifs dans lesquels il expira au bout de six minutes."

Dieu merci, le temps n'est plus où la loi du talion pouvait servir de justification aux expériences de toxicologues. Nous préférons de nos jours faire état des

[1] The views expressed in the article are those of the author and do not necessarily reflect those of the Food and Agriculture Organization of the United Nations.

résultats des recherches sur animaux et tâcher d'en extrapoler les effets prévisibles à l'homme. Ce qui, bien entendu, ne peut être fait qu'avec circonspection. C'est pourquoi, afin de se placer, comme disent les Anglais "on the safe side", les toxicologues n'hésitent pas à prendre une très grande marge de sécurité et à proposer des doses 100 fois inférieures à la dose pour laquelle on n'observe plus d'effet sur l'animal.

En réalité, ceci n'est qu'un élément du problème. A la difficulté de transférer à l'homme les connaissances acquises sur l'animal, s'ajoutent les incertitudes sur les niveaux de consommation alimentaire. Car, pour déterminer des doses admissibles avec une marge de sécurité réaliste, il s'agit de tenir compte, non pas de la consommation moyenne, mais des quantités les plus élevées que certains groupes de la population sont susceptibles de consommer. Ce deuxième volet de la connaissance est tout aussi nécessaire que le premier. Car, l'objectif est de satisfaire aux impératifs contradictoires de la santé publique et de l'économie alimentaire, c'est-à-dire proposer des seuils assez élevés pour protéger la santé du consommateur, mais assez bas pour qu'ils ne soient pas un frein à la consommation de certains produits. En effet, une marge de sécurité trop grande fera bannir des produits qui, en réalité, sont parfaitement consommables, d'où une perte économique pour la nation qui peut être considérable.

Nous allons donc passer rapidement en revue les diverses sources d'information afin de voir dans quelle mesure elles sont susceptibles de satisfaire le toxicologue.

Les bilans des disponibilités alimentaires

Il s'agit d'un cadre comptable de ressources et d'emplois qui regroupe par aliments les quantités produites, importées, exportées, utilisées à des fins intermédiaires (semences, alimentation de bétail, usages industriels, pertes) et fait apparaître finalement comme un solde les quantités disponibles pour l'alimentation humaine. Les disponibilités globales par produits sont ensuite exprimées *per capita* par jour en divisant par la population du pays considéré.

La FAO est en train d'établir des bilans pour la quasi-totalité des pays pour la période allant de 1961 à nos jours. Ces données reposent sur les informations fournies par les pays eux-mêmes. La qualité d'un bilan dépend évidemment de celle des statistiques de base dont il s'inspire et varie beaucoup d'un pays à l'autre.

Dans les pays à forte autoconsommation, que sont la majorité des pays en voie de développement, les travaux entrepris pour élaborer les bilans ont mis en lumière la difficulté d'obtenir une information cohérente tant sur les niveaux de production que sur les stades de transformation intermédiaire. Les méthodes d'enregistrement statistique employées actuellement par les pays concernent essentiellement le secteur monétaire de l'économie (douanes, statistiques d'abattage, etc.). Ainsi, on obtient des renseignements de qualité suffisante pour les grandes cultures céréalières si elles sont fortement commercialisées. Par contre, la partie autoconsommée échappe partiellement aux investigations statistiques. De même, les enquêtes agricoles ne sont pas toujours en mesure d'évaluer la production, en raison des problèmes inextricables que posent les associations culturales, notamment dans le domaine des légumes et des fruits. Il arrive trop souvent de trouver des rapports nationaux de bon aloi qui fournissent des données parfaitement contradictoires, de sorte que l'on est trop souvent réduit à se contenter d'estimations.

De par sa conception, le bilan ne fournit qu'une ration moyenne nationale qui fait inéluctablement apparaître un type alimentaire d'autant plus diversifié que le pays est plus hétérogène du point de vue de sont écologie et de la distribution de ses revenus. C'est ainsi que, en Inde, le blé est l'aliment de base de Pendjab, le millet des populations du plateau central et le riz des populations de la bordure côtière, mais au niveau national, l'Indien moyen paraît consommer des quantités de blé, de riz ou de millet qui, en gros, seront trois fois moindre que ce que l'on observait dans une population vivant dans une zone écologique homogène. D'où un risque de sous-estimation énorme lorsqu'il s'agit d'étudier la toxicité éventuelle de l'apport d'un aliment donné à partir des niveaux moyens des bilans. De même, tout se passe comme si, par l'effet de la moyenne, l'on consommait chaque jour de faibles quantités de poisson, de lait, d'œufs et de viande réparties tout au long de l'année alors que ces apports sont occasionnels, réservés à certains groupes socio-économiques privilégiés, ou parfois très saisonniers comme dans le cas des légumes et des fruits. Pour un groupe spécifique de consommateurs, la réalité du bilan – même soigneusement établi – crée une fausse impression de diversité et fournit des chiffres peu utiles au toxicologue qui cherche à identifier les plus forts niveaux de consommation et leur fréquence d'apparition.

De même, il convient de signaler que ce consommateur moyen n'est ni un adulte ni un enfant, mais un individu hypothétique dont les caractéristiques dépendent de l'importance relative des diverses classes d'âge et de sexe de la population. Néanmoins, ces bilans restent pour de trop nombreux pays la seule source d'information disponible pour juger des niveaux de consommation et il est douteux que la situation s'améliore dans un avenir proche.

Les enquêtes sur la consommation alimentaire

On en distingue deux types: les enquêtes sur le budget des ménages et les enquêtes de consommation alimentaire.

Les enquêtes sur le budget, de loin les plus fréquentes, ont été conçues par les statisticiens pour déterminer le volume ainsi que la structure des dépenses et du revenu des ménages.

La méthode utilisée est généralement l'interview répétée plusieurs jours pour noter, par produits, les dépenses courantes de biens de consommation, notamment alimentaires. Le choix des familles est généralement fait d'après une base de sondage, de sorte que les résultats peuvent être, par la suite, extrapolés de manière à être représentatifs de la population étudiée. La variabilité des dépenses pouvant être reliée au revenu, il est possible de mettre en évidence des inégalités de consommation par strates socio-économiques et d'obtenir des courbes de distribution par produits. Il est possible ainsi d'identifier les consommations extrêmes et même d'en prévoir l'évolution par le calcul des élasticités de la demande. Cependant, ces enquêtes ne sont pas conçues au départ pour obtenir une information quantitative sur les niveaux de consommation. On l'obtient *a posteriori* en calculant la quantité consommée à partir de la dépense, compte tenu du prix unitaire moyen relevé sur les marchés. Ceci peut être une source d'erreur importante car la relation entre le prix et la quantité est complexe et peut varier très fortement selon les marchés, les saisons et le degré de fractionnement des produits.

Enfin, les achats alimentaires sur budget familial, à l'exception de quelques consommations individuelles hors des rapas, sont destinés à subvenir aux besoins de l'ensemble de la collectivité familiale de sorte que les résultats obtenus en divisant les dépenses du groupe par le nombre de consommateurs habituels, se réfèrent à l'individu moyen de la famille moyenne.

Les enquêtes de consommation alimentaire, elles, ont été conçues par les nutritionnistes comme un travail de recherche, circonscrit de préférence à des zones où se posaient des problèmes nutritionnels. Dans ces enquêtes, les familles sont beaucoup plus souvent sélectionnées par choix raisonné que par sondage statistique. Quelle que soit la méthode utilisée (inventaire en début et en fin d'enquête, pesée des aliments mis en consommation, interview rétrospective des consommateurs), l'enquête a pour objectif de préciser la nature, l'origine et les quantités d'aliments utilisés par chaque famille pendant une période donnée. En divisant par le nombre de convives présents aux repas, on obtient ici encore une consommation moyenne de la famille que l'on exprime en calories et nutriments en appliquant aux quantités des tables de composition appropriées.

Ce type d'enquête, surtout lorsqu'on utilise la méthode de la pesée sur plusieurs jours, fournit une bonne information sur l'origine des aliments, alors que l'enquête-budget qui se base sur les dépenses monétaires cerne bien les achats alimentaires mais estime mal les quantités autoconsommées. Ce type d'enquête convient donc aussi bien aux urbains en économie monétaire qu'aux populations rurales vivant en économie de subsistance. Il fournit en outre des informations utiles au toxicologue sur les habitudes alimentaires (menus, fréquence de consommation), sur les modes de transformation et de préparation des aliments, sur les pertes en cours de préparation et sur les déchets d'assiette.

Ces enquêtes s'efforcent de saisir les variations saisonnières de la consommation, soit par des passages répétés à intervalle régulier dans les mêmes familles, soit au moyen d'échantillons tournants. On estime ainsi la consommation moyenne annuelle, ses variations dans l'espace et dans le temps, mais aussi les consommations extrêmes grâce à des études de distribution. Mais, comme pour l'enquête-budget et pour les bilans, les résultats se réfèrent à la consommation de l'individu moyen du groupe car l'on ne peut séparer ce qui revient aux adultes de ce qui revient aux enfants.

Cependant, une méthode originale a été employée par l'Euratom et le Commissariat français à l'énergie atomique pour évaluer la consommation alimentaire par classes d'âge dans 11 régions de la Communauté européenne à partir des consommations familiales.

Cette enquête, réalisée pour l'étude de la contamination radioactive (*Cresta et al.*, 1969) de la chaîne alimentaire, a fourni des données pour 13 groupes d'aliments et pour 9 classes d'âge. A en juger par l'apport calorique total ainsi obtenu selon les classes d'âge, les résultats sont très cohérents. Ces résultats obtenus, grâce à l'emploi sur ordinateur d'un programme mathématique spécifique, sont d'un coût additionnel faible. Compte tenu de son intérêt pratique et de la difficulté à conduire des enquêtes individuelles, il est certain que cette méthode mériterait d'être explorée plus à fond.

Les enquêtes individuelles

Ces enquêtes visent à déterminer la consommation par classe de sexe et d'âge. Elles sont généralement effectuées sur des groupes homogènes mais restreints de consommateurs (collectivités) ou en clinique diététique sur des individus isolés. La méthode de l'interview rétrospective est souvent utilisée mais donne des résultats peu précis en raison des erreurs de mémorisation et des difficultés à quantifier une information qui, au départ, n'est que qualitative. L'observation directe par la pesée pour étudier la distribution intrafamiliale est théoriquement la méthode de choix mais elle est très astreignante tant du point de vue de la collecte que du traitement de l'information: nécessité de noter le poids total des plats après cuisson, les poids des ingrédients crus qui les composent de manière à calculer la teneur en eau résiduelle, enfin elle nécessite de déterminer la répartition des plats entre les différents convives. Ces contraintes entraînent des refus d'enquête; parfois même, pour certaines populations pauvres, cette méthode s'avère inapplicable car il n'est pas rare de voir les convives manger à plusieurs autour d'une même assiette, de sorte qu'il n'est pas possible de mesurer dans un repas pris en commun ce que chacun consomme réellement.

Peu de chercheurs se sont risqués à employer cette méthode. Pour donner un exemple, en Afrique, sur 68 enquêtes effectuées entre 1950 et 1965, seuls deux auteurs fournissent des données sur la consommation par groupe d'âge.

La connaissance des niveaux de consommation va servir à deux objectifs. D'une part, pour le toxicologue, elle va permettre de fixer des doses journalières acceptables qui seront susceptibles de protéger même les gros consommateurs, d'autre part, l'hygiéniste responsable du contrôle alimentaire pourra calculer la teneur en principes toxiques de la ration et comparer les résultats avec les doses journalières acceptables. Pour ce faire, les résultats de consommation devront être présentés d'une manière appropriée.

Les enquêtes mettent en évidence une grande variété de produits alimentaires (plus de 800 dans l'enquête du Brésil). Si l'on n'y prend garde, déjà au niveau de la codification des produits, on observe une forte perte d'information car la tendance est de réagréger ces aliments en sous-groupes homogènes (feuilles, gousses, bulbes, etc.) et groupes (légumes, viandes) de manière à alléger par la suite la présentation des résultats. Ces groupes d'aliments répondent à des objectifs nutritionnels mais sont inadaptés aux besoins du toxicologue. Pour lui il sera, par exemple, important que les fruits et les légumes en conserve soient bien identifiés par rapport aux produits frais car le calcul de la teneur en cadmium dépendra de la nature de l'emballage, etc., que les poissons ne figurent pas sous une seule rubrique mais soient identifiés par espèces car la contamination par le mercure variera grandement en fonction de celles-ci.

D'où la nécessité de concevoir une nomenclature et un traitement de l'information adaptées à ce problème. Corrélativement, un énorme effort d'analyse et de collecte de l'information reste à faire pour établir des tables de composition des aliments adaptées aux problèmes de la contamination.

La FAO, conjointement avec le Department of Health, Education and Welfare, Public Health Service, a préparé des tables régionales de composition des aliments: Amérique latine, Afrique, Extrême-Orient. Ces tables, comme il est d'usage, donnent la composition centésimale des aliments, leur valeur calorique, leur teneur en vitamines et minéraux. En outre, la table de l'Extrême-Orient présente – lorsque l'information est disponible – la composition en acides aminés et les teneurs en oligo-élements Mg, Mn, Zn, Co, Cu, Mo, Se, F, I.

La table du Proche-Orient est en cours de préparation. Elle fait l'objet d'un projet conjoint avec le Ministère de l'Agriculture des Etats-Unis. A cette occasion, nous avons préparé un programme de stockage, de traitement et de tabulation des données par ordinateur dans lequel l'information relative aux contaminants aura sa place. Il permettra de collationner les données sur le plomb, le cadmium, le mercure, le méthylmercure, les organochlorés, les diphényls polychlorés, les hydrocarbures polycycliques, les nitrates, les nitrites, les nitrosamines, les aflatoxines, les fusaréatoxines et autres mycotoxines.

L'outil est prêt mais l'aptitude à satisfaire les besoins du toxicologue dépend bien évidemment des efforts que celui-ci fera pour déterminer le degré de contamination de la chaîne alimentaire. Le Comité conjoint d'experts FAO/OMS qui s'est réuni en 1974, a attiré l'attention sur ce problème. Ces experts ont suggéré une liste de substances toxiques prioritaires et ont indiqué en même temps les aliments susceptibles d'en présenter les teneurs les plus élevées. Il a été admis que les premiers efforts devraient être concentrés sur les aliments les plus susceptibles d'accroître l'ingestion de contaminants, soit parce qu'ils sont consommés en quantité importante, soit parce qu'ils contiennent des concentrations relativement élevées de ces contaminants. La parole est donc au toxicologue.

En résumé, les enquêtes de consommation alimentaire, notamment celles utilisant la technique de la pesée, peuvent constituer pour le toxicologue une source précieuse d'information à la fois pour déterminer des doses journalières acceptables qui soient réalistes et pour juger des risques auxquels sont soumis les consommateurs par la contamination de la chaîne alimentaire. Ces objectifs n'ont que rarement été pris en compte lors de la réalisation des enquêtes de consommation. C'est pourquoi l'utilisation *a posteriori* des résultats s'avère décevante.

Nous sommes convaincus que des ajustements méthodologiques mineurs, en particulier une nomenclature détaillée qui, lors de la collecte, permette de définir la nature, l'origine et l'état des aliments, associée à un traitement des données par les moyens modernes de l'informatique, feraient de l'enquête un outil de travail privilégié. Parallèlement à cet effort, les analyses toxicologiques devront être multipliées afin de bâtir des tables de composition des aliments qui incluent une information sur les contaminants éventuels.

Summary

The toxic substances contained in foodstuffs are a real hazard to man's health as long as we are not in a position to tell the consumer at which level the toxicity thresholds in his daily food diet lie.

These toxicity thresholds are established by toxicologists through the use and extrapolation to man, of the research findings in animals. In order to provide a better safety margin, toxicologists do not hesitate to propound dosages that are one hundred times as low as those which were shown not to have any effect on animals.

In addition to the difficulties of transferring data relating to animals to man, a lack of accuracy regarding the specific food consumption level for some population groups, and possibly some individuals, should be taken into account. Indeed, one must meet the conflicting prerequisites of health and economics, and suggest thresholds which are high enough to protect the consumer without necessarily hampering the consumption of the products.

The knowledge of the consumption level is based on a number of assessments of food availability or on the outcome of consumption investigations.

Because of its concept, these assessments supply only an average national ration, which will unavoidably demonstrate a way of feeding which is more diversified, as the country is more heterogeneous as regards ecology and distribution of income. These assessments will give a false impression of diversity and supply figures which are not so useful to the toxicologist who tries to identify the highest consumption levels and their frequency of occurrence. Nevertheless, although the consumer now becomes a hypothetical individual, these assessments are still the only source of information supplied by far to great a number of countries for the evaluation of their consumption levels.

One distinguishes two types of food consumption investigations. Investigations on the household budget make it possible to demonstrate the inequalities in food consumption for each socioeconomic group, and obtain distribution curves for each product. These data will serve as a basis for the computation of extreme consumptions and their development. However, the relationship between price and quantity may vary very substantially and thus become a misleading piece of information. In conclusion, it may be said that we just do not know individual consumption.

Investigations on foodstuff consumption, regardless of the methodology, enable us to specify the nature, origin and quantity of foodstuffs, which have actually been used by each family for a given period of time. So, the family's average consumption, its food habits, and extreme consumption for an average individual, can thus be determined.

The value of these findings for the toxicologist will of course depend first of all on the accuracy of the table of foodstuff compositions with a view to defining the content and levels of the various nutrients in the ration. Considerable advances have been made for the past years in drawing up such tables which are now both specific and detailed, but their aptitude to meet the toxicologist's requirements, also depends on his efforts to determine the degree of contamina- throughout the food chain.

Minor methodology adjustments, more particularly a detailed nomenclature which, combined with data processing, would make this investigation a preferred working tool for toxicologists. Concurrently, toxicological analyses should be made more often in order draw up food composition tables which include information on possible contaminants.

Bibliographie

Cresta, M.; Ledermann, S.; Garnier, A.; Lombardo, E. et Lacourly, G.: Etude des consommations alimentaires des populations de onze régions de la Communauté Economique Européenne en vue de la détermination des niveaux de contamination radioactive. Rapp. EUR 4218 f (Ass. Euratom/CEA, Bruxelles 1969).

Dr. *M. Ganzin,* ancien Directeur de la Division des politiques alimentaires et de la nutrition, Organisation des Nations Unies pour l'Alimentation et l'Agriculture (FAO), Via delle Terme di Carcalla, *I–00100 Rome* (Italie)

Wld Rev. Nutr. Diet., vol. 29, pp. 178–186 (Karger, Basel 1978)

Dietary Effects on the Toxicity of Food and Environmental Contaminants

R. Colin Garner
Cancer Research Unit, University of York, Heslington, York

Much of our knowledge of hazards associated with environmental or food contaminants stems from chance observation rather than controlled scientific study. For example, studies on nitrosamines were started after it was noticed that a few workers using dimethylnitrosamine as an organic solvent developed symptoms of jaundice and liver failure (14). Similarly, the discovery of aflatoxins was made after a large number of turkeys were poisoned by the eating of mould-contamined feed (4). The fact that both these classes of compound are so biologically potent made it easier to detect their effects in very limited animal studies. The original carcinogenicity studies on aflatoxin were carried out on only 3 animals (1). It is easy with potent biologically active chemicals to find that dietary variations can profoundly alter the toxicological response to a compound, it is not so easy when the compound has either weak biological activity or when exposure is only to low levels to find such effects. Animal studies are therefore carried out with sub-acute levels of chemicals to maximise or amplify any biological effects observed. Whether such a procedure is relevant to man is difficult to ascertain because human studies can never be carried out in a controlled manner for comparison of results with animal studies. Our information on diet variation and its influence on human toxicity must therefore of necessity be derived from animal studies. Nevertheless, epidemiological studies have picked out, particularly in the case of some cancers, that there is an association between diet and the disease. Thus, high fat diets are correlated with a higher incidence of breast or colon cancer than low fat diets (5). Whether these diets alter susceptibility to other food or environmental contaminants or whether they favour the production of carcinogens *in vivo* is not known.

Principles

Most foreign compounds which are not required for either intermediary metabolism or macromolecular synthesis are excreted by the body unchanged or as metabolites. These metabolites are generally more polar than the parent compound so that excretion is favoured both through the kidney and the gastro-intestinal tract. To achieve this increased polarity, foreign chemicals often first undergo enzymic oxidation, a process catalysed by the mixed function oxidase enzymes primarily in the liver, followed by conjugation or esterification to yield polar metabolites. For the majority of compounds, oxidation and conjugation yields non-toxic derivatives but in a few cases such steps lead to biologically active molecules which are toxic. Since the activity of the mixed function oxidases and some of the conjugation enzymes is affected by various diets the toxic effects induced by the chemical will also be altered (3, 16).

Studies on the Acute and Chronic Effects of the Aflatoxins

It is known that mycotoxin contamination of human food has resulted in wide-spread symptoms of poisoning. Although other classes of hazardous chemical have been identified in food such as nitrosamines, I wish to direct this presentation to studies which have been carried out on the aflatoxins. These compounds are naturally occurring food contaminants rather than ones formed as a result of deliberate preservation or fermentation procedures carried out by man. They serve as good models for other food and environmental contaminants. The most carcinogenically potent of the four naturally occurring aflatoxins is aflatoxin B_1 (AFB_1). Feeding studies of this mycotoxin with a semi-synthetic diet indicate that levels of 1 ppb induce a detectable incidence of liver cancer in male Fischer rats (23). Considerable work has delineated some of the dietary factors which can alter the carcinogenic response to AFB_1 although in the majority of cases the reasons for these effects are not understood.

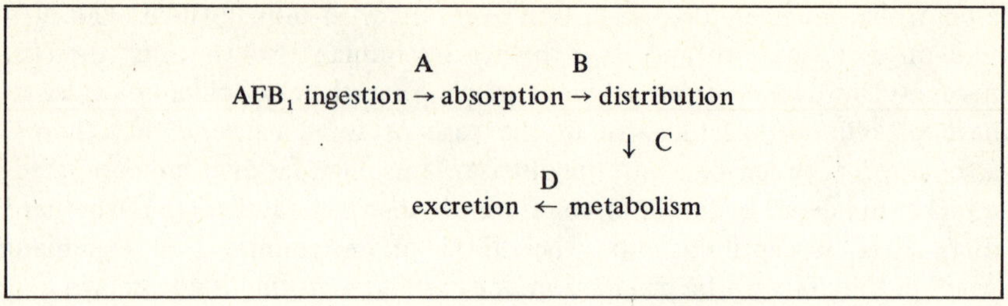

Fig. 1. Flow diagram showing points at which AFB_1 toxicity could be modified.

Acute Toxicity

AFB_1 is acutely toxic to a wide species range producing its effects mainly in the liver (18). There is considerable species variation in susceptibility indicating that metabolism of the mycotoxin is important for biological activity. A number of dietary alterations have been shown to alter the acute toxicity of AFB_1 although some of the reports are conflicting. These differences from laboratory to laboratory could be explained by the dietary alteration having varying effects.

In figure 1, alterations in rate at any of the points marked A–D could alter biological activity. Although it might be supposed that a particular diet affects the rate of one parameter, such as metabolism, this same diet may affect other parameters as well. The end result, namely toxicity after AFB_1 administration, is affected but not in the manner expected because alterations in these other parameters were not taken into account. Thus, a high fat diet marginally deficient in choline (lipotrope-deficient) protects against the acute toxicity of AFB_1 in rats as well as decreasing the extent of liver damage (22). The lipotrope-deficient diet reduced the level of liver microsomal drug-metabolising enzymes. On the other hand, phenobarbitone pretreatment which is known to induce mixed function oxidase activity also protected against AFB_1 acute toxicity (*Garner,* unpublished). The two different diets therefore having converse effects on mixed function oxidase activity both decrease the toxicity of AFB_1. Inhibition of rat liver RNA polymerase *in vivo* by AFB_1 in rats fed the two diets parallels to some extent the acute toxicity findings, although for the lipotrope-deficient diet the difference is marginal (2, 17). A low protein diet which is known to reduce levels of mixed function oxidase enzymes has been reported to increase the acute toxicity of AFB_1 (12) although other studies failed to demonstrate a difference between control and low protein animals (*Garner,* unpublished). The reasons for such discrepancies can only be resolved by using one strain of animal, the same route of administration and semi-synthetic diets if one wants to determine which factors are important for the acute toxic effects.

Carcinogenicity

AFB_1 appears to be one of the few carcinogens whose acute effects can be separated from its carcinogenic effect. Treatments which decrease acute toxicity may increase overall carcinogenicity. Thus, a lipotrope (choline-deficient) diet seems to lessen the acute effects of AFB_1 but increases the carcinogenic effect (21). Conversely, feeding of a low protein diet which increases toxicity decreases carcinogenicity (13). Co-administration of phenobarbitone with AFB_1 increases the tumour latency period and lowers the final incidence of the liver tumours (15). Not only can dietary alterations increase or decrease rat liver cancer incidence, but the organ distribution of cancer can be changed. Thus, a vitamin A-deficient diet does not alter liver cancer incidence in male Fischer rats induced by AFB_1 when fed simultaneously, but increases the colon cancer incidence to 10% (19).

The Importance of Metabolism for the Biological Effects of AFB_1

In vitro *Studies*

Although metabolism of AFB_1 was recognised soon after the discovery of this mycotoxin, its role in biological activity was unknown until recently. Various reports suggested the importance of metabolism, but none of the metabolites isolated and identified were as biologically active as the parent compound in any of the various bioassay systems used. One of the main problems associated with determining if metabolism is important for biological activity is the lability of activated metabolites. In only a few reports is there direct evidence for the formation of a reactive metabolite, in the majority of reports evidence for activation has been obtained indirectly. With AFB_1 such evidence was originally found using a liver enzyme preparation to activate the mycotoxin and bacteria to detect the formation of reactive metabolites. Such *in vitro* studies showed that AFB_1 was converted to a metabolite by liver mixed function oxidase enzymes which inactivated both *Salmonella typhimurium* and *Escherichia coli* strains (9, 10). Greater inactivation was found in strains lacking DNA repair ability. Structure-activity studies using aflatoxins and related compounds showed bacterial inactivation to be dependent on the presence of the isolated 8,9-double bond (previously incorrectly numbered as the 2,3-double bond) in the terminal furan ring (8). On the basis of these studies, it was suggested that the mixed function oxidase enzymes generated the 8,9-oxide of AFB_1 as the biologically active metabolite. This oxide will react with a variety of nucleophiles including DNA, rRNA, tRNA and to a lesser extent protein (6). None of the other known metabolites of AFB_1 were as active as the parent compound in killing bacteria, although some which still contain the 8,9-double bond had some biological activity in the presence of the liver enzyme prepara-

Table I. The activities of livers from various species in converting AFB_1 to a bactericidal metabolite

Species	Percentage surviving bacteria			
	male liver		female liver	
	5 mg	10 mg	5 mg	10 mg
Rat	36	8	50	39
Mouse	6	0.9	2	0.2
Hamster	4	0.1	16	0.4
Human		0.5		

Aliquots of the post-mitochondrial fraction from liver were incubated with stationary phase cultures of *Salmonella typhimurium* TA 1530 and 0.2 μmol AFB_1 for 20 min at 37 °C. Numbers of viable bacteria were determined by plating on minimal Davis agar supplemented with histidine. For details, see *Garner et al.* (8).

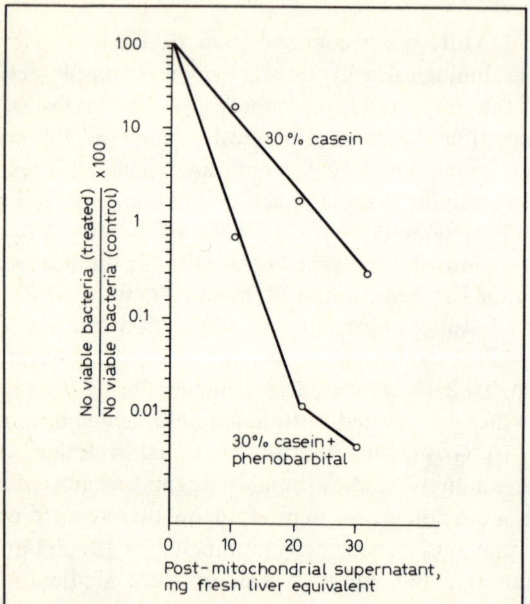

Fig. 2. Inactivation of *S. typhimurium* TA 1530 by activated AFB_1 using liver from control and phenobarbitone pretreated rats. 0.1 μmol AFB_1 was incubated with increasing amounts of liver post-mitochondrial fraction and bacteria for 20 min at 37 °C. Numbers of viable bacteria remaining were assayed on minimal Davis plates supplemented with histidine. For further details, see *Garner et al.* (9).

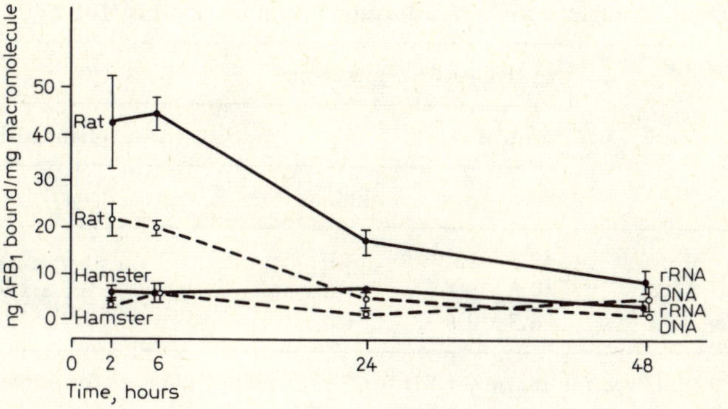

Fig. 3. Time course for binding of (^{14}C)-AFB_1 to liver DNA, rRNA and protein after a single administration of 40 μg/100 g. Each time point is the mean from 3 animals ± 1 SD. For experimental details, see *Garner and Wright* (11).

tion. Although reaction with nucleic acids probably proceeds through nucleophilic attack of the oxide, protein binding might be through a Schiff-base mechanism as has been suggested for AFB_{2a} (20). The oxide of AFB_1 has a number of properties which appear to distinguish it from other carcinogen oxides such as those of the polycyclic hydrocarbons. It does not appear to be a substrate of epoxide hydratase, it will not react with nucleophiles such as methionine or cysteine and it is exceedingly labile (10).

Using livers of species which were either resistant or susceptible to the carcinogenic action of AFB_1 showed surprisingly both groups to be capable of activating AFB_1 *in vitro* (table I).

Similarly, dietary alterations which alter mixed function oxidase activity increase or decrease the amount of AFB_1 activation. Phenobarbitone for example increased liver activation of AFB_1 to the bactericidal metabolite (fig. 2), whereas this enzyme-inducing agent as discussed earlier decreased the carcinogenic action of AFB_1.

In vivo *Studies*

It is clear that cancer is a disease of the whole animal. Studies on the mechanism of acute or chronic effects of toxic substances are best carried out *in vivo* since it is only *in vivo* that both pharmacokinetic and pharmacodynamic aspects of metabolism and disposition can be satisfactorily carried out.

Experiments have been performed on the binding of labelled AFB_1 to liver macromolecules of susceptible and resistant animal species. These studies show

Table II. Binding of (^{14}C)-AFB$_1$ to liver and kidney macromolecules of control and phenobarbitone pretreated rats after administration of 40 μg/100 g

	ng (^{14}C)-AFB$_1$ bound/mg			
	control		phenobarbiton,	
	liver	kidney	liver	kidney
DNA	40.7 ± 13.7	14.0	11.0 ± 2.8	9.0
rRNA	44.8 ± 5.1	27.0	9.0 ± 1.9	16.0
Protein	6.3 ± 2.6	1.0	7.7 ± 2.5	1.0

Liver results are the mean ± 1 SD for 3 rats; kidney data are for pooled organs from 3 rats. For experimental details, see *Garner* (7).

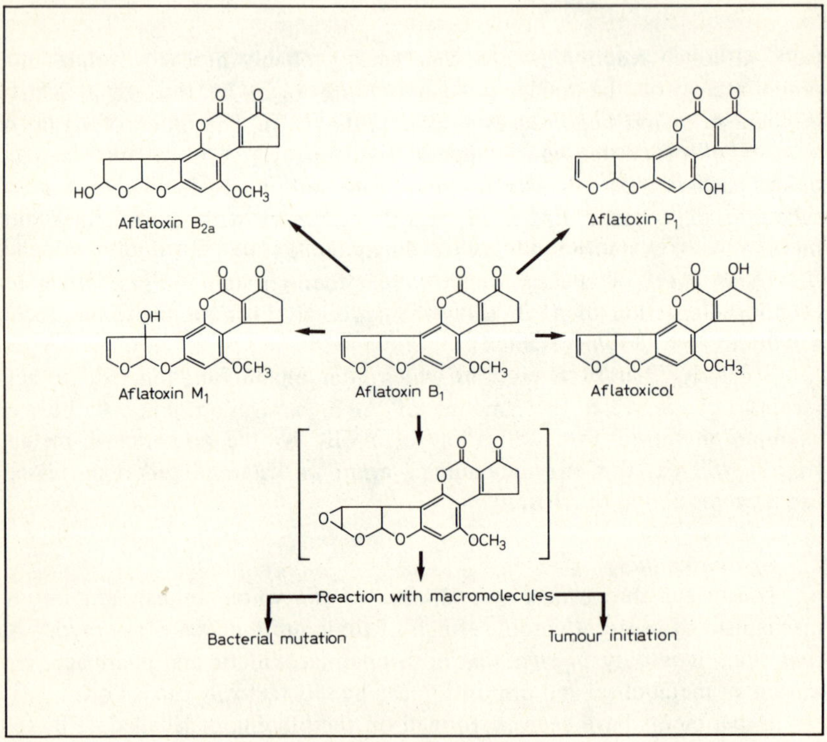

Fig. 4. Some pathways for metabolism of AFB$_1$ in the rat.

that after administration of a single small dose of AFB_1 less binding occurs in a resistant species, the hamster, than in a susceptible species, the rat (fig. 3) (11).

Similarly. liver macromolecular binding of AFB_1 in phenobarbitone-pretreated rats as compared with control animals also showed a reduction in binding (table II) (7).

Conclusions

AFB_1 can be regarded as a typical toxin with various routes for biotransformation, the majority of which lead to detoxification products and one step which leads to an activated metabolite (fig. 4). Susceptibility or resistance to both acute and chronic effects is determined by the balance between activation and detoxification pathways. This balance for the majority of compounds would not be apparent from *in vitro* studies using subcellular organelles since they do not reflect *in vivo* rates of metabolism. Most *in vitro* work uses microsomal preparations with an excess of cofactors, substrate and the normal cellular architecture completely disrupted. Such *in vitro* studies can only give a qualitative pattern of metabolic products rather than a quantitative one. Dietary alterations can affect each step in the enzymic alteration of a foreign compound and thus alter its overall toxicity. In a diverse human population, there will be those individuals who will be more susceptible to the toxic action of an environmental or food contaminant and those who are resistant. Such differences can be partially accounted for by genetic differences as evidenced from pharmacogenetic studies on fraternal and identical twins. However, as far as cancer is concerned, there is little evidence for cancer families and much more evidence to suggest dietary differences are important in the aetiology of the disease. Studies using the aflatoxins suggest that much more work is needed both experimentally in animals and in man perhaps using drug substrates to see how dietary alterations affect patterns of metabolism and if these are related in any way to *in vitro* findings.

References

1 *Barnes, J.M. and Butler, W.H.:* Carcinogenic activity of aflatoxin to rats. Nature, Lond. *202:* 1016 (1964).

2 *Butler, W.H. and Neal, G.E.:* The effect of aflatoxin B_1 on the hepatic structure and RNA synthesis in rats fed a diet marginally deficient in choline. Cancer Res. *33:* 2878–2885 (1973).

3 *Conney, A.H.:* Pharmacological implications of microsomal enzyme induction. Pharmacol. Rev. *19:* 317–366 (1967).

4 *Detroy, R.W.; Lillehoj, E.P., and Ciegler, A.:* Aflatoxins and related compounds; in

Ciegler, Kadis and Ajl Microbial toxins, vol. 6, chap. 1, pp. 3–178 (Academic Press, New York 1971).

5 *Drasar, B.S. and Irving, D.:* Environmental factors and cancer of the colon and breast. Br. J. Cancer *27:* 167–172 (1973).

6 *Garner, R.C.:* Microsome-dependent binding of aflatoxin B_1 to DNA, RNA, polyribonucleotides and protein *'in vitro'.* Chem.-Biol. Interact. *6:* 125–129 (1973).

7 *Garner, R.C.:* Reduction in binding of (^{14}C)-aflatoxin B_1 to rat liver macromolecules by phenobarbitone pretreatment. Biochem. Pharmacol. *24:* 1553–1556 (1975).

8 *Garner, R.C.; Miller, E.C., and Miller, J.A.:* Liver microsomal metabolism of aflatoxin B_1 to a reactive derivative toxic to *Salmonella typhimurium* TA 1530. Cancer Res. *32:* 2058–2066 (1972).

9 *Garner, R.C.; Miller, E.C.; Miller, J.A.; Garner, J.V., and Hanson, R.S.:* Formation of a factor lethal for *S. typhimurium* TA1530 and TA1531 on incubation of aflatoxin B_1 with rat liver microsomes. Biochem. biophys. Res. Commun. *45:* 774–780 (1971).

10 *Garner, R.C. and Wright, C.M.:* Induction of mutations in DNA-repair deficient bacteria by a liver microsomal metabolite of aflatoxin B_1. Br. J. Cancer *28:* 544–551 (1973).

11 *Garner, R.C. and Wright, C.M.:* Binding of (^{14}C)-aflatoxin B_1 to cellular macromolecules in the rat and hamster. Chem.-Biol. Interact. *11:* 123–131 (1975).

12 *Madhavan, T.V. and Gopolan, C.:* Effect of dietary protein on aflatoxin liver injury in weanling rats. Archs Path. *80:* 123–126 (1965).

13 *Madhavan, T.V. and Gopolan, C.:* The effect of dietary protein on carcinogenesis of aflatoxin. Archs Path. *85:* 133–137 (1968).

14 *Magee, P.N. and Barnes, J.M.:* Carcinogenic nitroso compounds. Adv. Cancer Res. *10:* 163–246 (1967).

15 *McLean, A.E.M. and Marshall, A.:* Reduced carcinogenic effects of aflatoxin in rats given phenobarbitone. Br. J. exp. Path. *52:* 322–329 (1971).

16 *McLean, A.E.M. and McLean, E.K.:* Diet and toxicity. Br. med. Bull. *25:* 278–281 (1969).

17 *Neal, G.E.:* Some effects of aflatoxin B_1 on RNA synthesis in rat and mouse liver. Biochem. Pharmacol. *21:* 3023–3033 (1972).

18 *Newberne, P.M. and Butler, W.H.:* Effects of aflatoxin on the liver of domestic and laboratory animals. Cancer Res. *29:* 236–250 (1969).

19 *Newberne, P.M. and Rogers, A.E.:* Rat colon carcinomas associated with aflatoxin and marginal vitamin A. J. natn. Cancer Inst. *50:* 439–447 (1973).

20 *Patterson, D.S.P. and Roberts, B.A.:* Aflatoxin metabolism in duck liver homogenates: the relative importance of reversible cyclopentenone reduction and hemi-acetal formation. Food. Cosmet. Toxicol. *10:* 501–512 (1972).

21 *Rogers, A.E. and Newberne, P.M.:* Aflatoxin B_1 carcinogenesis in lipotrope-deficient rats. Cancer Res. *29:* 1965–1972 (1969).

22 *Rogers, A.E. and Newberne, P.M.:* Nutrition and aflatoxin carcinogenesis. Nature, Lond. *229:* 62–63 (1971).

23 *Wogan, G.N.; Paglialunga, S., and Newberne, P.M.:* Carcinogenic effects of low dietary levels of aflatoxin B_1 in rats. Food Cosmet. Toxicol. *12:* 681–685 (1974).

Dr. *R. Colin Garner*, Cancer Research Unit, University of York, *Heslington, York YO1 5DD* (England)

Subject Index